S
2201

TRAVAUX
DE LA STATION ZOOLOGIQUE DE CETTE

RECHERCHES ANATOMIQUES

SUR UNE ESPÈCE DU

GENRE BRANCHIOMMA

PAR

Camille BRUNOTTE

PHARMACIEN DE 1re CLASSE (DIPLÔME SUPÉRIEUR),

LAURÉAT DE L'ÉCOLE SUPÉRIEURE DE PHARMACIE ET DE LA SOCIÉTÉ DE PHARMACIE DE LORRAINE

LICENCIÉ ÈS-SCIENCES NATURELLES

PRÉPARATEUR DE ZOOLOGIE À LA FACULTÉ DES SCIENCES DE NANCY

NANCY

IMPRIMERIE V. MANGEOT-COLLIN ET NICOLLE, 36, RUE GAMBETTA

1888

4. S
2201

TRAVAUX
DE LA STATION ZOOLOGIQUE DE CETTE

RECHERCHES ANATOMIQUES

SUR UNE ESPÈCE DU

GENRE BRANCHIOMMA

PAR

Camille BRUNOTTE

PHARMACIEN DE 1re CLASSE (DIPLÔME SUPÉRIEUR),
LAURÉAT DE L'ÉCOLE SUPÉRIEURE DE PHARMACIE ET DE LA SOCIÉTÉ DE PHARMACIE DE LORRAINE
LICENCIÉ ÈS-SCIENCES NATURELLES
PRÉPARATEUR DE ZOOLOGIE A LA FACULTÉ DES SCIENCES DE NANCY

NANCY
IMPRIMERIE V. MANGEOT-COLLIN ET NICOLLE, 36, RUE GAMBETTA

1888

RECHERCHES ANATOMIQUES

SUR UNE ESPÈCE DU

GENRE BRANCHIOMMA

INTRODUCTION

L'organisation générale des Annélides est bien connue dans ses traits essentiels, mais, en revanche, l'étude anatomique de certains groupes reste encore à faire en grande partie.

Les recherches, qui ont été dirigées en ce sens, nous ont déjà montré que les familles d'Annélides, tout en répondant à un plan d'organisation constant, présentent entre elles des différences assez importantes.

La nécessité de faire un certain nombre de monographies ayant pour sujet des types de divers groupes s'impose donc en zoologie.

Il est évident qu'une monographie ne fournira pas des résultats aussi brillants et aussi généraux que l'étude d'ensemble d'un organe, mais l'utilité des travaux de ce genre est incontestable : ils donneront les renseignements qui sont nécessaires pour des comparaisons entre les différents individus d'un même groupe.

Pendant mon séjour à Cette, j'ai eu l'heureuse chance de trouver en abondance dans l'Étang de Thau une espèce de *Branchiomma* ne répondant complétement à aucune des descriptions des espèces connues. J'ai choisi cette Annélide comme sujet d'étude, suivant en cela les conseils de M. Sabatier, Directeur de la Station zoologique de Cette, et de M. Kœhler, chargé de cours à la Faculté des sciences de Nancy.

Les travaux se rapportant spécialement au genre *Branchiomma* sont peu nombreux. Kölliker et Claparède ont décrit quelques espèces de ce genre et quelques-uns des organes de ces Tubicoles. A part cela, les *Branchiomma* n'ont été étudiés qu'incidemment, dans des mémoires

1

intéressant tout le groupe des Serpulacés. Parmi ces mémoires, il en est un certain nombre qui méritent d'être plus spécialement signalés, tant à cause de leur importance que de leur haute valeur scientifique.

Grübe, en 1838; de Quatrefages, en 1850; Ehlers, en 1864; Claparède, de 1864 à 1870; Cosmovici, en 1879; Œrley, en 1884; Jaquet, Pruvot, Kükenthal et Rohde, en 1885, et Meyer, en 1887, ont publié sur certains points de l'organisation des Annélides Tubicoles, des mémoires très intéressants que j'aurai souvent à citer dans le cours de ce travail. J'ajouterai à cette liste les noms de Eisig, à Naples; Rietsch et Jourdan, à Marseille, et ceux d'un certain nombre d'élèves de la Faculté de Kiel : Steen, Jacobi, Mau et Schack qui, de 1878 à 1887, ont publié quelques monographies de Tubicoles.

Une revue bibliographique de tous les travaux relatifs à l'organisation des Annélides serait beaucoup trop longue et d'ailleurs parfaitement inutile; j'ai préféré faire l'historique de chaque organe en particulier, dans le courant du chapitre relatif à cet organe (1).

Comme procédés opératoires, j'ai eu recours à la méthode des coupes, qui est absolument indispensable pour vérifier les dispositions, vues parfois difficilement sur les dissections.

En publiant ce travail, je saisis avec plaisir l'occasion d'adresser mes plus sincères remerciements à M. Sabatier, Directeur de la Station zoologique de Cette, où ce travail a été commencé; et à mes maîtres de la Faculté des Sciences de Nancy, MM. Friant et Kœhler, pour le bienveillant accueil que j'ai toujours trouvé auprès d'eux, et les précieux conseils qu'ils m'ont donnés pendant le cours de mes recherches.

Je prie M. le docteur Bleicher, qui a bien voulu accepter la présidence de cette thèse, M. Schlagdenhauffen, Directeur de l'Ecole supérieure de Pharmacie de Nancy et M. Godfrin, Professeur de matière médicale, de croire à la profonde gratitude de leur élève reconnaissant.

---

(1) On trouvera, d'ailleurs, à côté de chaque nom d'auteur, dans le texte, un numéro correspondant à celui de l'index bibliographique qui donnera les indications relatives à l'ouvrage cité.

DESCRIPTION DU BRANCHIOMMA DE L'ÉTANG DE THAU

Le genre *Branchiomma* a été créé en 1858 par Kölliker pour y ranger les types voisins des Sabelles, mais portant des yeux sur les branchies. Les caractères généraux de ce genre, donnés par Claparède **(7)** dans ses « Annélides Chétopodes du golfe de Naples », sont les suivants :

Sabellidæ toris ventralibus thoracicis serie duplici setarum, aliis uncinatis, aliis jaculiformibus, munitæ branchiis oculis compositis subterminalibus ornatis.

Ce caractère des yeux composés existant à l'extrémité des branchies est un des plus importants du genre. Leur position est caractéristique.

Actuellement ce genre *Branchiomma* comprend plusieurs espèces, toutes marines.

Le *Branchiomma* qui fait l'objet de ce travail, vit enfoncé dans le sol sous-marin à une faible profondeur. Je l'ai trouvé en assez grande abondance dans les fonds sableux de l'Étang de Thau.

Par un temps calme, on aperçoit à une profondeur de 2 à 4 mètres, des multitudes de tubes enfoncés verticalement dans le sol. De ces tubes sortent de nombreux panaches multicolores, étalés, portés par un pédoncule. Ce pédoncule n'est autre chose que le corps de l'animal sorti aux 3/4 de son tube, et le panache est formé par les branchies céphaliques, étalées.

La pêche de ces animaux se fait au moyen d'un long rateau en fer, rateau que les pêcheurs de Clovisses emploient journellement sur l'Étang de Thau, et que l'on enfonce profondément dans le sable. Les dents du rateau remontant à la surface sont remplies de débris de toute nature, au milieu desquels se trouvent les vers dans leurs tubes.

Quant à la conservation de ces animaux en aquarium, elle est souvent fort difficile. Un courant d'eau de mer assez fort est absolument nécessaire ; si cette condition n'est pas remplie, au bout de quelques heures, le corps entier de l'animal, qui a quitté son tube, devient mucilagineux : l'eau qui l'entoure est d'apparence laiteuse et bientôt l'animal meurt.

Au contraire, sous un courant d'eau assez vif, j'ai pu garder des *Branchiomma* pendant longtemps et observer leur grande vitalité. Souvent, des portions de ver coupé pendant la pêche, sont restées parfaitement vivantes pendant des journées entières ; les mouvements musculaires n'étaient point abolis et le moindre attouchement provoquait une contraction aussi régulière sur les portions mutilées que sur l'animal entier.

Le *Br. de l'Étang de Thau* présente les caractères suivants : corps vermiforme allongé, long de 0,10 à 0,16 centimètres, large de 0,006 à 0,009 millimètres. La couleur varie suivant les époques de l'année et suivant les individus : parfois d'un blanc laiteux avec reflet rosé, d'autres fois complétement rosée avec léger pointillé blanc, quelquefois enfin jaunâtre avec tâches irrégulières roses et blanches. Cette coloration est d'ailleurs différente chez les mâles et chez les femelles, surtout au printemps, époque à laquelle j'ai vu les couleurs les plus vives chez ces animaux.

Le corps est divisé en segments nombreux : de 100 à 130. Les segments antérieurs sont un peu plus larges que ceux de la région postérieure.

Le corps du *Branchiomma* présente trois régions distinctes : 1° la région céphalique, 2° le thorax, 3° l'abdomen.

L'anneau céphalique est unique ; le thorax est formé par huit segments, les autres anneaux correspondent à la région abdominale. (Pl. 1, fig. 1, fig. 2, fig. 3).

L'anneau céphalique très réduit porte divers appendices. Il est séparé du reste du corps, extérieurement, par un repli identique à celui des Sabelles et connu sous le nom de collerette céphalique.

Cette collerette est échancrée et forme quatre lobes : deux ventraux et deux latéraux. Deux lobes bien distincts, sans relation avec les quatre lobes précédents, dont ils sont séparés par un profond sillon, terminent la région thoracique à la face dorsale. Ces lobes dorsaux ont la couleur générale du corps, tandis que les lobes ventraux et latéraux sont habituellement blanchâtres.

Les branchies, au nombre de deux, sont insérées sur l'anneau céphalique, au milieu du polygone formé par les replis de la collerette.

Outre les branchies, on peut signaler également en cette région deux gros replis labiaux ventraux, qu'on ne peut apercevoir si les branchies n'ont été enlevées. Je les ai représentés en al, Pl. I, fig. 3.

Les branchies symétriques sont formées chacune par 35 à 50 filaments longs de 0,02 à 0,03 centimètres. Chaque filament branchial porte deux rangées de petites barbules latérales. et près de son sommet, un point oculaire noir. Deux filaments branchiaux (f.f.) restent rigides au centre du cône formé par les autres filaments recourbés vers le dehors, et portent des yeux plus gros que leurs voisins. Ces filaments correspondent au dernier axe branchial dorsal. de chaque côté. Les yeux de ces axes spéciaux atteignent 1/2 millimètre de diamètre et sont à peu près sphériques.

Les filaments branchiaux portent souvent des zones pigmentées de diverses couleurs. A l'état de repos, le *Branchiomma* étale ses branchies ainsi que je l'ai figuré en Br., planche 1, fig. 1.

Cette disposition a été comparée assez justement par Claparède. chez des espèces voisines, à celle que présente la corolle d'un *convolvulus*. Dans l'intérieur de l'entonnoir branchial et fixés sur la portion basale, de consistance cartilagineuse, de chaque branchie, se trouvent deux appendices membraneux, sortes d'antennes, qui s'élèvent verticalement et qui atteignent 0,003 à 0,004 millimètres. La base de ces appendices est élargie en disque, le sommet est au contraire effilé.

Le thorax possède huit anneaux qui se distinguent des anneaux de l'abdomen par deux caractères très nets. Sur toute la longueur du corps et à la face ventrale, les *Branchiomma* présentent des épaississements portés par chaque segment et affectant sur chacun de ceux-ci la forme d'un bourrelet rectangulaire. Ces épaississements figurés en B.v. sur la fig. 1, sont appelés chez les genres voisins, où ils existent également, boucliers ventraux. Or ces boucliers sont entiers sur le thorax, alors qu'à l'abdomen, ils sont divisés sur la ligne médiane, en deux portions symétriques, par un sillon copragogue ; celui-ci s'étend de la région postérieure du corps, jusqu'au niveau du dernier anneau thoracique. Dès son arrivée au thorax, ce sillon devient dorsal, en passant obliquement, et par une seule branche, entre le premier anneau antérieur abdominal et le dernier anneau postérieur thoracique, pour venir se continuer ainsi que le représente la figure 2, planche I, par une gouttière qui occupe la région médiane dorsale.

Outre ce premier caractère, il en est un autre relatif aux rames portant les soies. Celles-ci offrent deux formes différentes : les unes sont simples, aciculées, longues, les autres sont en crochets (Pl. I, fig. 4 et fig. 5). Chaque faisceau de soies est porté par une rame différente. Dans le thorax les soies en crochets sont portées par une rame ventrale ayant la forme d'un bourrelet blanc allongé (ru.) ; dans l'abdomen, au contraire, les rames de soies en crochets sont dorsales (rs.). Les soies longues forment un faisceau qui est porté sur le thorax par un mamelon conique représentant la rame dorsale, alors qu'à l'abdomen, la rame portant ces soies allongées est ventrale. Tous les anneaux, aussi bien ceux du thorax que ceux de l'abdomen, portent ces deux rames sétigères.

La face dorsale du corps du *Branchiomma* est convexe, elle ne présente aucun épaississement comparable au bouclier dorsal. Une très légère dépression médiane est quelquefois apparente sur cette face dorsale.

L'extrémité postérieure du corps n'est pas effilée, mais se termine au contraire assez brusquement, par suite de l'amincissement rapide des 5 ou 6 derniers anneaux seulement.

Quant au tube du *Branchiomma*, il est comparable à celui des Sabelles, et appartient à cette catégorie de tubes dits « parcheminés ». La portion la plus voisine de la tête est très flexible. La consistance des parois de ce tube devient de plus en plus solide au fur et à mesure qu'on se rapproche de l'extrémité postérieure. Sa surface externe est recouverte de débris dont la nature varie suivant le fond dans lequel vit l'animal : parcelles de coquilles de mollusques, filaments d'algues, grains de sable, Diatomées, etc.

Sur la portion du tube qui est hors du sable, sont fixées parfois de nombreuses colonies d'animaux : Ascidies, Tubulaires, Campanulaires, Bryozoaires, etc.

Les espèces de *Branchiomma* connues et décrites jusqu'alors sont peu nombreuses. Leurs descriptions ne se rapportent exactement, ni l'une ni l'autre, au *Br. de l'Étang de Thau* (1).

Le *Br. Köllikeri* (Clprd.) présente les caractères suivants : corps long de 0m04 à 0m05 centimètres, large de 0m0025 à 0m003 millimètres. Segments, environ 80. Branchies d'un violet rosé avec taches brunes en forme d'anneau. Filaments branchiaux dorsaux droits portant des yeux plus gros que ceux des autres filaments branchiaux recourbés. Deux filaments branchiaux ventraux dépourvus d'yeux. Huit segments au thorax. Collerette divisée en six lobes.

Le *Br. vesiculosum var. neapolitana* que Claparède (**7**) a décrit également et qu'il croit être identique à *Amphitrite vesiculosa* de Montagu et de Lamark et à *Sabella vesicula* de Johnston Edwards, Grübe, Villams et de Quatrefages, a les caractères suivants : corps long de 0m14 centimètres, large de 0m01 centimètre. Couleur lie de vin,

---

(1) Voir Carus (**5**), Claparède (**7**), Leunis (**35**).

ponctuée de points blancs (*obscure rinosum*). Collerette entourant la tête, plus blanche. Branchies avec anneaux blancs. Huit segments au thorax. Collerette bilobée. Les filaments droits dorsaux, décrits dans l'espèce précédente, sont absents. Le sillon copragogue passant du côté ventral au côté dorsal, se divise en deux branches obliques : l'une située entre le 10e et le 11e segment du corps, l'autre entre le 9e et le 10e. Branchies non recourbées, mais étalées en entonnoir.

Le *Br. vigilans* (Clprd.) a le corps long de 0m06 centimètres (sans les branchies), large de 0m006 millimètres. Couleur rose ponctuée de blanc. Segments environ 140. Collerette quadrilobée. Branchies grandes, ornées d'yeux sphériques, à sommets très allongés. Huit segments au thorax. Antennes courtes plus épaisses à leur base. Tube argileux. Ce *Br. vigilans* vit en parasite, il est très rare. Claparède l'a rencontré trois fois seulement, et toujours sur l'*Aphrodite aculeata* au milieu des poils qui recouvrent la face dorsale de ce gros Chétopode. Claparède, dans sa description, parle en outre, des branchies étalées comme la corolle d'un *convolvulus*, des deux filaments droits avec plus gros yeux, mais ne dit pas si tous les filaments branchiaux portent des points oculaires.

Quant aux autres espèces de *Branchiomma* décrites autrefois : *Br. bombyx* ou *Amphitrite bombyx* (Dalyell) et *Br. Dalyelli* (Kölliker), je n'en dirai rien. On sait, en effet, que ces espèces à la suite de recherches nouvelles ont été placées dans un genre voisin, le genre *Dasychone*.

Depuis les travaux de Claparède, le *Br. vigilans* (dont l'espèce de Cette est la plus voisine) a été trouvé dans la Méditerranée. On le connaît à Naples comme parasite de l'Aphrodite, et M. Marion, dans ses « Considérations sur les Faunes profondes de la Méditerranée » (**38**) le signale à 65 ou 70 mètres de profondeur. Dans tous les cas, cette espèce est rare dans la Méditerranée.

Je n'ai pas la prétention de faire du *Branchiomma* décrit plus haut une espèce nouvelle, mais je crois être en droit de le considérer comme une variété de grande taille, peu connue jusqu'alors. Cette variété est commune dans l'Étang de Thau où elle vit librement, sans aucune apparence parasitaire.

Ainsi qu'on le verra dans la suite de cette étude, ce *Branchiomma* présente quelques caractères histologiques intéressants et on peut le considérer comme un des plus beaux types du genre.

TÉRATOLOGIE. — Pour terminer l'exposé des caractères extérieurs du *Branchiomma*, et avant d'entrer dans les détails de la description anatomique de ses différents organes, je signalerai quelques cas de monstruosité que j'ai rencontrés chez cette espèce. Le *Branchiomma* mutilé, peut non seulement vivre pendant un certain temps, mais peut aussi, à la longue, reconstituer l'organe lésé. C'est ainsi qu'on trouve souvent des vers présentant dans leur longueur deux diamètres différents. Ce fait est dû à ce que l'animal, brisé en deux par exemple, s'est reformé en partie, par un véritable bourgeonnement ou accroissement nouveau de la région blessée.

J'ai trouvé un échantillon de *Branchiomma* assez curieux et possédant deux extrémités postérieures : l'une, un peu plus petite que l'autre, fait avec la première un angle de 30° à peu près ; elle est soudée sur le tronc principal. L'animal porteur de ces deux appendices est d'assez petite taille, comparativement aux autres. Il est long de 0^m06 centimètres et large de 0^m006 millimètres. L'extrémité abdominale postérieure supplémentaire a 0^m01 de longueur et se trouve fixée à environ 0^m015 millimètres sur l'extrémité postérieure principale, légèrement déviée de la direction du reste du corps. Le sillon copragogue est moins apparent sur la portion de création récente, et les boucliers ventraux y sont à peine visibles.

Il est facile, dans ce cas de monstruosité, d'expliquer comment les choses se sont passées : l'animal a été brisé incomplètement ; la portion postérieure ayant gardé suffisamment de relations avec le corps antérieur, a continué à vivre, alors que de la plaie béante latérale naissait par bourgeonnement, une extrémité postérieure nouvelle destinée à remplacer celle qui était disparue en ce point mutilé.

C'est évidemment à un cas analogue que Claparède (**9**) a eu affaire lorsqu'il décrit une *Salmacina incrustans* possédant une région caudale bifurquée ; chacune des branches ayant un anus distinct. De Quatrefages (**53**) a étudié dans les « Suites à Buffon » la reproduction des parties enlevées chez quelques Annélides, en particulier la *Marphysa sanguinea*. Claparède (**7**) (**9**) a signalé des cas de ce genre chez *Nephthys*, *Lombriconereis*, *Nereis*, *Alciope*, etc. M. Emery (**18**) plus récemment, en faisant des recherches sur ces mêmes organes reproduits par bourgeonnement, est arrivé à des résultats intéressants au point de vue de la formation de certains tissus, et sur lesquels j'aurai occasion de revenir dans le courant de ce travail.

Je n'ai voulu citer que pour mémoire, ce cas de tératologie du *Branchiomma*, qui viendra s'ajouter à d'autres déjà décrits et assez nombreux.

Structure du tube. — Le tube du *Branchiomma* présente dans sa longueur une épaisseur variable. Mince et flexible dans la portion correspondant à la région antérieure thoracique, il devient de plus en plus épais et atteint son maximum d'épaisseur dans la région postérieure assez résistante où l'animal se retire quand il est menacé.

Les coupes permettent de distinguer dans la paroi de ce tube, deux régions : l'une accessoire, formée par des corps étrangers agglutinés au dehors ; l'autre interne, essentiellement formée par la sécrétion de glandes : cette dernière est presque complétement transparente, gélatineuse, se gonfle dans l'eau et prend par la dessication un aspect corné. Le tube se divise facilement en cylindres de plus en plus petits, s'emboîtant les uns dans les autres et ayant tous cette même consistance gélatineuse (Pl. I. fig. 10). Sur les coupes minces, on constate que la paroi du tube est formée par des couches concentriques, régulières et séparées par des espaces clairs. Les strates de la périphérie sont pressées les unes contre les autres, et très rapprochées ; au contraire celles qui sont situées plus près du corps de l'animal sont espacées, et laissent même quelquefois des vides entre elles. Au milieu de ces strates très nombreuses, se trouvent englobés de petits corps étrangers, corpuscules siliceux, Diatomées, etc... Sur la paroi interne d'un tube fraîchement détaché, on retrouve en râclant légèrement avec un scalpel, les petits bâtonnets décrits par Claparède sous le nom de follicules bacillipares.

Le tube des Sabellidées a été autrefois étudié par M. Macé (**40**), qui a publié dans les « Archives de Zoologie expérimentale », le résultat de ses recherches sur le tube des Sabelles en particulier. Pour M. Macé, ce tube serait formé, outre le revêtement vaseux, de deux couches distinctes : l'une extérieure serait sécrétée par les téguments, l'autre plus interne, sécrétée par des glandes spéciales situées à la base des branchies. Je n'ai jamais rien vu de semblable en ce qui concerne *Branchiomma*. J'ai toujours constaté une structure identique dans tous les tubes et dans toutes les régions de ces tubes. Ce fait n'a rien d'étonnant d'ailleurs, les glandes des téguments seules servant à la formation de l'étui protecteur des Annélides Tubicoles. Les glandes appelées « tubipares » par Claparède, et auxquelles M. Macé attribue la formation de la zone interne du tube de la Sabelle, ne jouent aucun rôle dans la sécrétion du tube. Il est facile d'ailleurs de s'en rendre compte. J'ai dit que des portions de *Branchiomma* coupé, vivent pendant longtemps dans un courant d'eau de mer ; j'ai pu remarquer souvent que des extrémités postérieures de ce ver, privées de la région thoracique (par conséquent des glandes tubipares de Claparède, ou des glandes spéciales situées à la base des branchies) se reconstruisaient rapidement une enveloppe muqueuse, rudiment de tube solidement fixé aux parois de l'aquarium. Les tubes sécrétés dans ces conditions par des tronçons d'animaux sans thorax, sont de même apparence, de même constitution, de même structure stratifiée que les tubes sécrétés par les animaux entiers. Le fait avait été signalé pour la *Myxicola*, je l'ai vérifié chez *Sabella*, *Leptochone*, *Spirographis*, et *Branchiomma*.

Ces observations faites pendant un de mes séjours à Cette, en avril 1887, ont été d'ailleurs reprises par M. Soulier (**60**), qui a publié dans les Comptes-rendus, en février dernier, une note relative à la confection du tube chez ce même *Br. de l'Étang de Thau* et chez une *Myxicola*. Il reconnaît que les glandes tubipares de Claparède ne servent pas à la confection du tube, que celui-ci est formé par les glandes de la paroi du corps, et que l'animal pour former son tube se contracte sur lui-même en s'enfonçant dans la vase.

On trouvera, dans un chapitre suivant, l'étude des glandes de la paroi du corps, qui servent à la sécrétion de ce tube.

TÉGUMENTS

CUTICULE. — Sur toute la surface du corps du *Branchiomma*, s'étend une cuticule assez résistante. Pour en faire l'étude, j'ai dû m'adresser à des réactifs permettant de détacher cette membrane du reste du corps de l'animal. Sur les coupes on peut constater son épaisseur, mais il est difficile de reconnaître sa structure. Le bichromate d'ammoniaque en solution à 2 pour 100 pendant 8 à 10 jours m'a donné de bons résultats : un simple grattage au scalpel permet en effet de détacher des lambeaux de cuticule qui peuvent être étudiés par transparence.

La cuticule forme une membrane anhyste, dont l'épaisseur varie suivant les régions. Elle est percée de pores plus ou moins nombreux correspondant aux ouvertures des glandes de la région cellulaire sous-jacente. Claparède (**8**) admet que chez les Annélides sédentaires, surtout chez celles qui atteignent une grande taille, il n'y a qu'une cuticule mince, rudimentaire ; il ajoute : « Il est clair que dans ce cas-là, il ne saurait être question de systèmes croisés de stries, ni de pores tubulaires. Le rôle de la cuticule protectrice des Annélides errantes est rempli ici par le tube ». Ce caractère n'est pas aussi général que le croyait Claparède, car les pores cuticulaires existent toujours chez *Branchiomma*, parfois même ils sont nombreux. Quant aux stries disposées en croix et signalées chez beaucoup d'Annélides, je n'ai jamais constaté leur présence.

La surface du corps porte des cils vibratiles dans certaines régions. On les rencontre dans toute la région branchiale où ils recouvrent la surface des barbules, sur quelques points de la collerette, au niveau des pores correspondant aux orifices externes des organes segmentaires et dans toute la longueur du sillon médian ventral où ils sont très longs et nombreux.

EPIDERME. — Immédiatement sous la cuticule (ancien épiderme de de Quatrefages), certains auteurs signalent une nappe protoplasmique continue et lui refusent une structure cellulaire. Pour ma part j'ai toujours trouvé immédiatement sous la cuticule du *Branchiomma*, une couche plus ou moins épaisse, formée sans aucun doute par des éléments cellulaires placés les uns à côté des autres et séparant la cuticule périphérique de la couche plus interne des muscles annulaires.

C'est cette assise cellulaire que de Quatrefages (**53**) a désignée autrefois sous le nom de derme et que d'autres auteurs ont appelée hypoderme. Tous les auteurs allemands ont gardé cette dénomination et décrivent cette lame sous le nom d'hypoderme, tout en lui reconnaissant sa vraie structure cellulaire et son rôle comme couche matrice de la cuticule. Claparède (**8**) au début de son chapitre sur les téguments dans les Annélides sédentaires, reconnaît que ce mot hypoderme ne devrait plus être employé pour les Annélides, dont la couche cellulaire externe est en contact immédiat avec l'extérieur ; il garde cependant cette dénomination.

M. Jourdan (**27**) est le premier qui ait donné à cette couche son véritable nom en l'appelant épiderme, dans son travail sur *Eunice*. Suivant en cela l'exemple du savant histologiste de Marseille, je donnerai le nom d'épiderme à cette couche sous-cuticulaire et je l'étudierai dans les différentes régions où elle présente des caractères particuliers.

Les éléments qui constituent cet épiderme sont de véritables cellules épithéliales placées les unes à côté des autres, mais dont la nature et les fonctions sont variables. Certaines d'entre elles jouent en effet le simple rôle de revêtement, d'autres portent des cils vibratiles, qui ont pour but de renouveler, autour de l'animal, l'eau dans laquelle il vit ; d'autres enfin deviennent glandulaires et leur rôle comme organes de sécrétion et de protection est très important. Le sublimé acétique pré-

paré suivant la formule de M. Roule (1) m'a fourni des préparations
très favorables, ainsi que l'acide osmique en solution au 1/100.

Éléments cellulaires épithéliaux simples ou pigmentés. — Les
cellules de l'épiderme, que l'on rencontre sous cette forme simple, sont
généralement cylindriques ou cylindro-coniques. Elles sont toujours
plus longues que larges. Leurs parois sont peu distinctes.

Souvent ces cellules contiennent des granulations de pigment jaune
brun, ordinairement situées dans la moitié externe de la cellule.
Oerley (44) a reconnu à ce pigment des propriétés physiologiques
spéciales. D'après cet auteur, il jouerait un grand rôle dans la respiration cutanée. Chaque cellule épidermique porte en son milieu un
gros noyau ovale, riche en chromatine. Ces noyaux sont situés à la même hauteur, de sorte que, vu à un faible grossissement, leur ensemble
forme une bande colorée, séparant en deux moitiés la couche cellulaire.

La région profonde de la cellule, tournée vers le centre de l'animal,
est beaucoup plus claire que la région périphérique; elle est légèrement
granuleuse.

Éléments cellulaires épithéliaux ciliés. — Les cellules ciliées de
l'épiderme sont généralement plus développées que les précédentes.
Elles atteignent leur plus grande dimension à la surface du sillon copragogue, où elles ont en effet une hauteur de 0^{mm}030 à 0^{mm}035 millièmes
de millimètres.

Elles sont également cylindriques, elles renferment un protoplasm
finement granuleux. Un gros noyau, situé vers le milieu de leur hauteur, occupe presque toute la largeur de la cellule. Une membrane basale
inférieure sépare ces éléments des tissus sous-jacents, tandis que la
région extérieure est terminée par un plateau sur lequel sont insérés
les cils. Sur l'animal vivant, ces cils assez nombreux sur chaque élément, sont animés de mouvements rapides. Sur quelques préparations,
j'ai observé une discontinuité dans la lame formée par les plateaux des
différentes cellules, quelques-unes de celles-ci paraissant en manquer;
mais ce fait n'est pas général.

Éléments cellulaires épithéliaux glandulaires. — Les cellules
glandulaires sont très répandues dans l'épiderme du *Branchiomma*;

------

(1) Solution chaude de sublimé, additionnée de 1/4 en volume d'acide acétique.

elles sont souvent isolées au milieu des autres éléments épithéliaux simples de la couche épidermique ; elles s'accumulent quelquefois en grand nombre dans certaines régions du corps où elles forment de véritables bourrelets glandulaires. Les cellules glandulaires existent dans toutes les régions du corps de l'animal, mais elles sont en particulier plus abondantes sur les lobes de la collerette, sur les parapodes, etc. Elles présentent les caractères ordinaires des cellules caliciformes. Sur des coupes perpendiculaires à la surface de l'épiderme, et passant par le grand axe d'une de ces cellules, celles-ci auront l'aspect d'une sorte de bouteille à col allongé, rétréci, et à région profonde, boursouflée (Pl. II, fig. 41). Le col vient s'ouvrir au dehors et correspond à un des pores déjà signalés sur la cuticule; la région renflée repose sur la membrane basale de l'épiderme. (Pl. I, fig. 29).

Le contenu muqueux de ces cellules se présente comme une masse granuleuse très dense, au sein de laquelle on ne peut distinguer le noyau. Ce contenu se coagule très rapidement par l'alcool, le sublimé ; il se colore par le carmin, l'hématoxyline, la safranine, mais n'absorbe pas le rouge de Bordeaux, le picrocarmin de Ranvier, la fuschine acide. La contraction du corps de l'animal peut provoquer l'expulsion de ce contenu muqueux, et c'est ce mucus qui concourt à la formation du tube de l'animal.

Les éléments glandulaires de l'épiderme donnent également naissance à ce que beaucoup d'auteurs, suivant en cela l'exemple de Claparède, ont appelé les « follicules bacillipares ». On a constaté en effet que les irritations provoquées amènent quelquefois chez les Annélides la décharge subite de ces corps bacillipares, et on a cherché à comparer les susdits follicules et les éléments qui leur donnent naissance aux nématocystes des Cœlentérés. Cette comparaison ne me paraît pas exacte : on ne peut considérer comme un moyen de défense pour les Annélides, l'émission de ces petits follicules que Claparède (8) retrouvait, avec des formes à peu près constantes, dans l'alcool où il avait plongé les animaux vivants. Il est facile dans ce cas d'expliquer leur expulsion : au contact de l'alcool, l'animal se contracte, les cavités cellulaires glandulaires remplies de mucus diminuent de volume, et expulsent une partie de leur contenu par le canal excréteur qui les met en communication avec le dehors. Ce mucus, arrivant à l'extérieur, se trouve en contact avec l'alcool qui le coagule : cette coagulation est rapide et les masses muqueuses gardent la forme connue que les auteurs ont comparéà celle d'un bacille.

Boucliers ventraux (Pl. I, fig. 27-28). — A l'étude de la couche épidermique glandulaire, se rattache celle des boucliers ventraux.

Nous avons vu en effet que l'épiderme (Pl. I, fig. 29) est cette lame
comprise entre la cuticule et la couche de muscles annulaires. Cette
lame ainsi limitée, s'étend sur toute la surface de l'animal, mais présente au côté ventral une plus grande épaisseur. Les expansions de
cette face ventrale, connues sous le nom de boucliers ventraux, occupent en effet la région correspondant à la lame épidermique : c'est pour
cette raison que je place ici leur étude.

Chaque anneau porte son bouclier séparé du bouclier de l'anneau voisin
par un sillon transversal. Grübe (**22**) avait désigné depuis longtemps déjà
ces curieuses formations sous les noms de « Fleichplatten » et « Schilder ».
Pour Claparède (**8**), la fonction de ces organes est restée obscure. J'ai
relevé, dit-il, dans différents mémoires, leur richesse vasculaire et j'ai
taxé leur structure de glandulaire. Plus loin, il revient sur sa manière
de voir au sujet de cette structure, et attribue aux boucliers un rôle de
protection pour la région ventrale de l'Annélide Tubicole, région dont la
surface frotte sur les bords du tube quand l'animal sort de son habitation. Bien que n'attachant pas une grande importance à cette hypothèse,
il admet cependant que le tissu très vasculaire et partant très élastique
dont sont formés les boucliers, répond à cet usage. Il cite également à
l'appui de sa théorie, les exemples de types où les boucliers existent seulement dans la région thoracique. En ce qui concerne la structure histologique de ces boucliers chez *Spirographis*, il dit : « Le tissu propre des boucliers est formé par des fibres-cellules nucléées, dirigées perpendiculairement à la surface ventrale de l'animal. Ces cellules ont un contenu
granuleux pâle, mais il est évident qu'elles ne sauraient sécréter un
liquide puisque l'écoulement de celui-ci serait arrêté par la couche homogène de l'hypoderme ». En résumé, il admet que le tissu des boucliers
n'est qu'une variété du tissu qu'il appelle connectif, remarquable par
les dimensions de ses cellules. Il reconnaît chez *Br. vesiculosum* une
structure semblable.

Dans cette description, ainsi qu'on pourra le voir, il y a des observations exactes, mais les méthodes de recherches et les réactifs employés
ne pouvaient permettre une étude complète de ces organes.

Claparède a raison de reconnaître la structure glandulaire des boucliers,
mais il a tort de croire que le produit sécrété ne peut être expulsé au
dehors. Certains points de la structure des cellules formant ces boucliers
ont échappé complètement à cet observateur.

J'ai employé comme réactifs fixateurs, le sublimé acétique et l'acide

osmique ; comme réactifs colorants, les réactifs cités plus haut dans le
paragraphe relatif aux éléments épithéliaux glandulaires. Les colorations
doubles à la fuchsine acide et à la safranine m'ont permis de montrer
sur la même préparation, le mucus coloré en jaune brun et les parois
cellulaires colorées en rose vif.

Sur les coupes de boucliers faites parallèlement à la surface horizontale du corps, coupes sur lesquelles les éléments sont sectionnés transversalement, on n'aperçoit, après coloration au carmin alunique, qu'une
masse confuse d'éléments granuleux, très colorés, entourés par des
travées cellulaires plus claires. Sur des coupes sagittales, les cellules
des boucliers sont coupées dans le sens de leur longueur ; quelques-unes
présentent une extrémité renflée postérieure et une région amincie se
dirigeant vers l'extérieur. Il est rare de pouvoir suivre jusqu'au dehors,
sur une telle préparation, cette portion amincie. Des sections de vaisseaux
apparaissent disséminées dans l'épaisseur du tissu, mais il est impossible
d'y constater la présence de noyaux.

Sur des préparations obtenues avec le picrocarmin ou le rouge de
Bordeaux, le contenu muqueux est incolore ; les parois des cellules seules
sont colorées ainsi que les noyaux. On voit alors une cuticule mince
s'étendant sur la surface externe du bouclier, et en dessous de cette
cuticule, une rangée de cellules épithéliales. Les parois latérales de ces
cellules serrées les unes contre les autres sont parallèles entre elles
dans la région superficielle, tandis qu'elles s'éloignent dans la région
profonde. Comme ces cellules affectent des formes irrégulières, et
qu'elles sont coupées en différents sens, elles semblent former un tissu
à mailles larges, correspondant à la région granuleuse, très colorée, que
je signalais précédemment sur les préparations au carmin alunique. Il
est impossible, sur ces préparations au picrocarmin, de voir aucune relation de ce tissu avec l'extérieur ; des noyaux colorés sont disséminés
dans cette portion profonde d'apparence réticulée (Planche 1, fig. 27).
Au simple examen d'une telle coupe, on serait tenté d'admettre qu'une
lame épidermique continue recouvre la portion réticulée, rendant ainsi
impossible toute communication entre celle-ci et le dehors.

Sur les préparations à double coloration, la masse du mucus coloré
en jaune occupe tous les espaces compris entre les mailles du réseau,
et on voit nettement des traînées jaunes, au milieu des parois cellulaires épidermiques, venir se terminer au niveau de la cuticule : celle-ci
d'ailleurs, sur les boucliers, est percée de pores abondants. La communication entre la région profonde glandulaire et l'extérieur, niée par
Claparède, est rendue ainsi plus qu'évidente (Pl. I, fig. 27).

Il me semble qu'il ne doit rester aucun doute au sujet de la fonction de ces organes annexés à la face ventrale du *Branchiomma* et de beaucoup d'autres Annélides. Ils sont de nature glandulaire, sécrètent à l'extérieur du mucus qui sert, concurremment avec celui des glandes mucipares isolées, à la confection du tube de l'animal.

J'ai constaté (et ce fait a déjà été signalé) que chez *Branchiomma*, le tissu des boucliers se trouvait en dedans de la couche des fibres annulaires du corps. Des vides intra-musculaires existent en effet à ce niveau où la couche de muscles annulaires envoie quelques faisceaux dans différentes directions; c'est grâce à ces vides que le tissu du bouclier peut pénétrer jusque sous les commissures nerveuses, ainsi que je l'ai représenté Pl. I, fig. 33 et Pl. II, fig. 48. Des vaisseaux nombreux sont distribués au milieu de la masse des boucliers.

Il semble résulter des caractères que je viens de décrire, que les boucliers ventraux sont, non pas d'origine mésodermique (ainsi que le comprenait Claparède, en les considérant comme formés d'un tissu connectif), mais qu'ils sont une modification de la couche ectodermique, et qu'ils sont dus à un développement exagéré du tissu épidermique. On doit admettre cependant qu'à celui-ci, et surtout dans sa région profonde, vient s'ajouter, comme organe de soutien, un tissu conjonctif au milieu duquel se ramifient des vaisseaux sanguins, des fibres nerveuses, et quelques fibres musculaires.

SOIES ET RAMES PÉDIEUSES

Ainsi que cela a été dit dans la description générale de l'espèce, les soies sont de deux formes, chez *Branchiomma*. Les rames qui les portent affectent également deux formes différentes.

La rame qui porte les soies lancéolées, qu'elle soit ventrale (abdomen) ou dorsale (thorax), se présente comme un mamelon conique. Dans la région thoracique où ces rames sont le plus accusées, le cône pédieux ne se termine pas brusquement, mais porte à son extrémité deux petites lames, étalées, légèrement creusées en gouttière et qui soutiennent le faisceau de soies. Ces lames qui ont l'apparence de deux petites lèvres, sont situées latéralement par rapport à ce faisceau. Dans la région abdominale, ces expansions deviennent moins importantes, et ne représentent plus qu'un très petit tubercule faisant à peine saillie au dehors.

Dans chaque rame, se trouve la masse sétigère, invaginée dans son intérieur. Cette masse a la forme d'un sac ovoïde, et les extrémités des soies sont implantées dans sa région profonde, au milieu d'un tissu assez dense.

Sur des coupes perpendiculaires au faisceau, et passant par le milieu de la rame, les soies paraissent disposées sans ordre apparent, mais à leur sortie du corps, elles viennent se placer à peu près dans un même plan. Ce plan est oblique par rapport au grand axe de l'animal et les soies ont leurs extrémités libres dirigées vers la région postérieure du corps. Elles sont de taille variable et disposées suivant leur longueur, les unes à côté des autres. Chacune d'elles est formée d'un corps rigide, rectiligne dans sa région inférieure et moyenne, légèrement courbé à l'extrémité libre et se terminant en pointe aiguë (Planche I. fig. 4). La région centrale de la soie est sillonnée par des stries longitudinales. A l'extrémité courbée de cette soie se trouve un renflement en fer de lance bien visible surtout sur les soies vues de face. Des stries partant de la périphérie de ce renflement se dirigent obliquement vers l'axe central et viennent rejoindre le système des stries longitudinales centrales ainsi que je l'ai figuré. Les coupes transversales des soies sont circulaires et montrent des petits cercles foncés, correspondant aux stries longitudinales précédentes. Chaque faisceau comprend de 35 à 40 soies. Des muscles obliques fixés par une de leurs extrémités sur les parois du corps viennent s'insérer, en rayonnant, sur les parois de l'invagination entourant le paquet de soies. Celles-ci peuvent, grâce à l'action de ces muscles, sortir ou rentrer au gré de l'animal.

La rame qui porte les soies à crochets constitue un bourrelet blanchâtre, allongé et placé sur chaque anneau du corps dans une direction perpendiculaire au grand axe de ce corps.

Les soies que portent cette rame sont disposées sur une seule ligne et leur réunion forme sur la rame une sorte de crête foncée, (u. fig. 5 Pl. 1). Elles sont courbées deux fois; la portion saillante, en dehors des parois du corps, a la forme d'un crochet. Les pointes libres de ces crochets sont dirigées vers la région céphalique. Cette disposition explique la difficulté que l'on rencontre, si on veut extraire l'animal en le tirant par l'extrémité libre, ouverte, de son tube ; les crochets s'implantent dans la substance du tube et s'opposent ainsi à la sortie du *Branchiomma* de son enveloppe protectrice. Ces soies portent également des stries et rappellent, par leur forme et leur structure, celles qui sont décrites chez *Br. vigilans*. Le bourrelet pédieux formant la rame est recouvert par un épithélium glandulaire. Je n'ai jamais constaté la présence d'éléments cellulaires ciliés sur ces rames.

3

Dans l'épaisseur de leurs parois, musculaires et conjonctives, se ramifient de nombreux culs-de-sacs vasculaires. La structure histologique des muscles rétracteurs des soies, est la même que celle des muscles des parois du corps.

Les modes de formation des soies ont été décrits déjà, chez bon nombre de genres :

Leydig (**34**) a comparé cette formation à une sécrétion cuticulaire hypodermique ; de Quatrefages (**5**) Claparède (**8**) et Perrier (**46**) admettent également la formation des soies aux dépens des cellules hypodermiques. Grâce aux recherches sur le *Sternaspis*, faites par M. Rietsch (**56**), on est fixé aujourd'hui, sur l'origine exclusivement ectodermique de ces soies. Cet auteur réfutant les idées de Vejdowski (**64**), au sujet de la formation mésodermique des soies, montre que celles-ci se développent chacune aux dépens d'une seule cellule. Des recherches de Spengel (**61**) sur *Olignatus*, et d'Emery (**18**) sur *Nephthys, Lombriconereis*, etc..., ont confirmé les vues de M. Rietsch. M. Jourdan, (**27**) en 1887, dans son mémoire sur *Eunice harassii* reconnaît également que les soies sont des produits de l'activité de certaines cellules ectodermiques qui, au lieu de donner naissance à une cuticule, donneraient un produit de même nature mais plus spécialisé.

La structure du tissu dans lequel sont plongées les soies chez *Branchiomma*, et celle des tissus correspondants, chez les espèces où ces études de développement ont été faites, étant la même, il y a lieu de considérer les soies du *Branchiomma* comme se développant de la même façon que chez les espèces voisines.

Et je suis d'autant plus porté à admettre cette manière de voir, que j'ai observé, à la base de quelques soies, une région claire, hyaline, de même largeur que cette soie, et l'entourant à son extrémité. Cette région correspond sans doute à la cellule sécrétrice de la soie formée chez *Branchiomma*, suivant le mode indiqué par les auteurs cités ci-dessus.

MUSCLES

Chez *Branchiomma* comme chez toutes les autres Annélides, les muscles forment deux principales couches : 1° muscles circulaires formant un véritable étui cylindrique situé sous l'épiderme ; 2° muscles longitu-

naux plus internes. Ceux-ci sont représentés par quatre gros faisceaux : deux à la face ventrale, deux à la face dorsale. Ils s'étendent
dans toute la longueur de l'animal.

Les deux faisceaux dorsaux se rencontrent sur la ligne médiane
et appliquent parfois, l'une contre l'autre, leurs faces latérales internes.
Les deux faisceaux de la région ventrale sont toujours séparés l'un de
l'autre, leurs faces latérales internes sont généralement assez éloignées,
et c'est dans l'espace laissé libre entre les deux muscles ventraux que se
trouvent les deux cordons de la chaîne nerveuse. Ces quatre faiseaux musculaires ont à peu près le même développement. Sur des coupes transversales de l'animal, ils se présentent sous forme de masses ovoïdes
disposées par paires, symétriquement, de chaque côté du corps auquel
ils forment une charpente solide. Ils concourent par leur face interne à
la formation des parois de la cavité générale. Cette face interne est souvent concave, tandis que la face externe est toujours convexe. Les muscles du *Branchiomma* ont, sur les coupes, cet aspect penné plus ou
moins net, décrit par beaucoup d'auteurs et qui est suffisamment connu
pour qu'il soit inutile d'en donner une description.

L'anneau musculaire annulaire est de beaucoup le moins important.
Il occupe la région immédiatement sous-jacente à l'épiderme. Cette
couche de muscles annulaires émet, surtout dans le voisinage de la ligne
médiane ventrale, des fibres qui vont se perdre dans les tissus voisins.
A ce niveau, l'anneau musculaire forme un tissu peu serré à travers
lequel les éléments glandulaires des boucliers peuvent pénétrer pour
venir jusque sous la chaîne nerveuse. Ce fait n'est pas particulier au
Branchiomma; je l'ai constaté chez *Spirographis Spallanzanii*, et on a
décrit une disposition analogue chez quelques types de Serpuliens et de
Cirrhatuliens.

Les faisceaux musculaires du *Branchiomma* ont été étudiés avec
beaucoup de soin par Claparède (**8**) ; mes observations concordent avec
les siennes en ce qui concerne la disposition des fibres et leur anatomie
générale. Tous les faisceaux musculaires doivent être considérés comme formés par la réunion de longues fibres anastomosées et enchevêtrées
les unes dans les autres. Sur les coupes transversales, ces fibres présentent une section d'aspect différent suivant la région où elles ont
été coupées ; elles ne possèdent pas en effet sur toute leur longueur, la
même épaisseur. Habituellement elles montrent une section transversale régulièrement allongée, triangulaire, rectangulaire ou polygonale ;
je reviendrai plus loin sur leur structure.

Tous les zoologistes connaissent la discussion élevée entre de

Quatrefages (**54**) et Claparède (**8**) sur la question de savoir si des raphés musculaires existaient au niveau de chaque segment ; le premier de ces auteurs disant que les fibres musculaires n'avaient que la longueur des segments et s'inséraient sur des raphés intersegmentaires, raphés dont l'existence était niée par Claparède. Il parait aujourd'hui démontré que les muscles longitudinaux chez l'adulte s'étendent d'un bout à l'autre du corps de l'animal, sans aucune interruption ; la division des muscles en segments, après avoir existé dans les premiers phénomènes de développement, disparait de bonne heure. Dans une note préliminaire, publiée dans les « Archives de Biologie Italiennes », M. Emery (**18**) étudiant la régénération des segments des Annélides et parlant des quatre faisceaux musculaires longitudinaux s'exprime ainsi : « Lors de leur formation, ces muscles sont partagés en segments métamériques ; sur les sections longitudinales, on les voit séparés les uns des autres par de fines lignes transversales. Plus tard, les fibres musculaires s'allongent, pénètrent dans les segments voisins. Les limites des segments s'effacent ainsi et les cordons musculaires deviennent continus sur toute la longueur du corps ».

En ce qui concerne *Branchiomma*, dont je n'ai pu examiner que des échantillons adultes, je n'ai jamais reconnu la présence des raphés intersegmentaires de de Quatrefages (**54**). Les faisceaux musculaires s'étendent dans toute la longueur du corps, sans subir ni déviation, ni étranglement. La simple inspection d'une coupe longitudinale, horizontale ou sagittale de l'animal adulte, ne laisse aucun doute à cet égard. (Pl. I, fig. 31-32. — Pl. II, fig. 44-45).

J'ai retrouvé chez *Branchiomma* le tissu intra-musculaire signalé et décrit par Claparède (**8**). Ce tissu, très développé surtout dans la région thoracique, est d'apparence fibrillaire et de nature conjonctive.

E. Rohde (**57**) a nié la présence de ce tissu intermusculaire chez *Spirographis* où Claparède l'a décrit, mais il le figure et le décrit chez d'autres Polychètes : *Polynoe*, *Eunice* et surtout *Chetopterus*. Il le considère comme un produit secondaire des cellules musculaires.

J'arrive maintenant à l'étude histologique des éléments musculaires. Pour cette étude, il est absolument indispensable d'opérer des dissociations. Les dissections recommandées à l'aide d'aiguilles fines ne donnent que des résultats médiocres ; le traitement à l'acide osmique très faible, pendant plusieurs jours, huit au moins, permettra de faire par simple dilacération, des dissociations montrant les éléments isolés et complets.

Ainsi isolées, les fibres musculaires présentent les caractères sui-

vants : elles ont la forme générale d'un ruban aplati et tordu. Les faces
latérales de ces fibres présentent des expansions. Parfois celles-ci sont
nombreuses et le bord de la fibre présente de fines dentelures; dans
d'autres cas, au contraire, chaque fibre n'a qu'un ou deux de ces prolongements. Les fibres se présentent souvent avec des plissements plus
ou moins réguliers que j'ai cherché à représenter fig. 30, Planche I, et
leurs extrémités sont presque toujours effilées. Sur les préparations
obtenues en fixant par l'acide osmique, les lambeaux détachés de l'animal
vivant, on constate beaucoup de ces plissements ; ils sont bien moins
nombreux sur des dissociations de muscles provenant d'animaux morts
en extension dans l'alcool faible. Parfois, sur le trajet de ces fibres
se trouve un noyau toujours difficile à apercevoir, malgré la coloration
par les réactifs et, sur de nombreuses fibres dissociées, il m'a été impossible de découvrir trace d'élément nucléaire. Quand il existe, ce
noyau est ovale, allongé dans le sens de la fibre et situé à la surface
de celle-ci.

Si on s'adresse aux fibres de la couche des muscles annulaires, on
rencontre des éléments semblables à ceux que je viens de décrire et
appartenant aux muscles longitudinaux ; souvent sur les fibres annulaires, on ne trouve les expansions en crête que sur une face. Ni l'une
ni l'autre de ces fibres ne présentent d'enveloppe protoplasmique ni de
membrane externe différenciée ; elles ne paraissent pas non plus formées par la réunion de fibrilles.

Des fibres analogues avec crêtes protoplasmiques latérales ont été
décrites par Fraipont (**19**) chez *Polygordius*. M. Jourdan (**29**) (**27**),
dans ses deux belles études monographiques sur *Siphonostoma diplo-
chætos* et *Eunice Harassii* signale également des fibres musculaires
avec prolongements en forme de dents, fibres appartenant aux faisceaux
musculaires transversaux de ces animaux.

M. Jourdan (**29**) admet que ces prolongements sont le résultat de
la pression des éléments musculaires longitudinaux (qui ont une disposition exactement perpendiculaire aux fibres transverses), dont les
faisceaux causent tout autant de sillons sur les fibres musculaires annulaires. Je ne puis me ranger absolument, dans le cas actuel, à l'opinion
de M. Jourdan. Si l'explication qu'il propose était applicable ici, une
seule couche de fibres annulaires, sur laquelle presse le faisceau longitudinal, serait seule constituée par les éléments dentés, et encore ceux-
ci ne devraient-ils l'être que sur une face. Il y a bien en effet des éléments ainsi constitués, mais ils sont en très petit nombre.

Les fibres longitudinales chez *Branchiomma*, aussi bien que les fibres annulaires, portent ces crêtes ; c'est même sur les fibres longitudinales que j'ai le plus souvent constaté leur présence.

Sur les coupes longitudinales ou sagittales des faisceaux musculaires, je vois des fibres enchevêtrées, anastomosées, et leurs bords ne présentent aucune crête saillante. Sur les fibres dissociées, au contraire, et presque sur toutes ces fibres, je retrouve les crêtes latérales irrégulièrement disposées ; de plus, l'examen de quelques-unes de ces crêtes peut faire croire qu'elles représentent une portion rompue d'un filet très fin se détachant de la fibre principale : leurs extrémités ne se terminent pas brusquement et paraissent avoir été brisées. Ne pourrait-on pas admettre que ces expansions ne sont rien autre chose que les restes des filaments anastomotiques qui réunissaient entre elles les fibres voisines, et qui ont été rompus par suite de l'action mécanique exercée pour opérer les dissociations ?

Cette façon de voir expliquerait d'ailleurs pourquoi, sur les coupes, ces expansions ne sont pas apparentes et pourquoi, sur les dissociations, elles sont si nombreuses.

APPENDICES CÉPHALIQUES ET ORGANES RESPIRATOIRES

Outre les deux branchies, la région céphalique porte divers appendices qui ont reçu des noms différents suivant les auteurs qui les ont étudiés.

De Quatrefages (**53**), Milne-Edwards (**42**), Kinberg (voir sa nomenclature dans de Quatrefages (**53**), Grübe (**22**) ont donné à ces appendices les noms de tentacules, antennes, cirrhes, palpes, en basant leur dénomination sur des caractères d'innervation.

Claparède (**7**) (**8**) (**9**) n'a pas conservé ces noms avec leur valeur. Il appelle indistinctement antennes, tout appendice porté par le lobe céphalique, réservant cependant le nom de palpes à deux de ces appendices qui naissent à la partie inférieure du lobe céphalique et revêtent des caractères physiologiques spéciaux.

Chez les Polychètes, on a donné plus volontiers le nom de tentacules ou de cirrhes, à ces longs filaments céphaliques ou autres qui jouent un rôle tactile et que l'on rencontre par exemple chez les Térébelles (Clauss).

Vogt et Yung (**69**) admettent que l'on peut désigner sous le nom d'antennes, les appendices du premier segment buccal.

Dans son ouvrage sur le système nerveux des Annélides, Pruvot (**48**) au début de son chapitre sur les Sabelles, parle de deux antennes qui se continuent en dehors avec la rangée de barbules branchiales du premier cirrhe. Il reconnaît ensuite la présence d'un repli qui court tout le long de chaque branchie, à la base et en dedans des cirrhes branchiaux et qui forme une grande ampoule creuse occupée par un plexus sanguin. Ce repli de chaque côté se dirige en avant, et s'unit à son congénère dans l'échancrure ventrale de la collerette.

Plus loin, après avoir étudié les trajets des nerfs qui se rendent à ces organes, il admet, que les appendices désignés sous le nom d'antennes ont la valeur de palpes, les vraies antennes ayant chez les Sabelles une extrême réduction. Quant au repli qui limite le vestibule buccal, il l'appelle dans le courant de sa description « Ampoule labiale latérale ».

En ce qui concerne plus particulièrement le genre *Branchiomma*, Claparède (**7**) décrit chez *Br. Kollikeri* deux paires de tentacules, ciliés.

Les tentacules inférieurs sont les plus grands et s'étendent en dehors en un lobe membraneux discoïdal, renfermant un réseau vasculaire ; les tentacules supérieurs ont un axe cartilagineux.

Pour *Br. vesiculosum*, Claparède ne parle pas de tentacules mais indique cependant, comme un caractère de cette espèce, l'absence de follicules mucipares dans les antennes. Quant à *Br. vigilans*, il porte outre ses branchies, deux antennes, ou tentacules ciliés qui sont courts et triangulaires ; ce caractère est donné comme spécifique *(antennæ breves basi crassiuscula)*.

Oerley (**43**) dit quelques mots au sujet des appendices qu'il appelle « tentacules » chez le *Br. Kollikeri* : du côté interne des lobes branchiaux se trouve la deuxième paire de tentacules qui forment des prolongements courts, parfois se repliant en demi cercle sur le lobe. Il représente une coupe de la région céphalique de *Branchiomma*, où on voit en effet se détacher une languette, interne par rapport au lobe branchial, languette qui correspond à la base coupée d'un filament particulier tentaculaire sur lequel Oerley n'insiste pas, mais qui paraît correspondre aux tentacules inférieurs membraneux de Claparède.

Les caractères tirés de l'innervation et appliqués par Pruvot (**48**) pour la dénomination des différents organes portés par la tête chez les Annélides me paraissent être les meilleurs et les plus certains. Je dois dire, dès maintenant, qu'ayant reconnu chez *Branchiomma* pour les divers appendices de la tête, les mêmes caractères d'innervation que ceux que Pruvot a reconnus chez *Sabella pavonina*, je conserverai les noms que cet auteur a employés lui-même.

Je devrais décrire successivement : les palpes céphaliques, les ampoules labiales latérales et les branchies ; mais comme les ampoules labiales latérales limitent la fente buccale et forment ainsi qu'on le verra plus loin une sorte de vestibule au tube digestif proprement dit, je les décrirai avec les organes de la digestion.

Palpes céphaliques. (*Tentacules ou lobes membraneux discoïdaux de Claparède*). — A la face interne de chaque branchie, et dans le voisinage de l'axe médian, se trouve un appendice dont la hauteur atteint 1/2 centimètre. A sa base, il est étalé en une expansion lamellaire plane, colorée en brun et dont la forme est celle d'un demi cercle à contours irréguliers. Le plan formé par cette lame membraneuse est parallèle au plan médian dorso-ventral. Par leurs faces internes, placées assez près l'une de l'autre, ces expansions, limitent de chaque côté, une sorte de gouttière large qui concourt avec les ampoules inférieures, à former la portion évasée du vestibule buccal. La portion supérieure de chacun de ces appendices, est grêle, effilée, et vient se terminer en une petite crête pointue, généralement colorée, que l'on aperçoit sur l'animal vivant, au milieu des branchies étalées. Ces lobes discoïdaux, sont par une de leur face et à leur base, unis intimement à la lame branchiale correspondante. Ils occupent le côté interne de cette lame, recourbée en arc. (Pl. II, fig. 34 et fig. 35, p. c.).

Sur une coupe transversale, ce lobe membraneux discoïdal à la base, à la forme d'un triangle, dont un côté est fixé à la lame branchiale cartilagineuse et dont le sommet libre est très aigu. Un épithélium glandulaire et pigmentaire recouvre ses faces qui portent également des cils vibratiles nombreux.

La masse centrale de ces appendices est représentée par un tissu, formé de mailles serrées, dans lequel, sur quelques préparations, on voit pénétrer les fines lamelles du tissu conjonctif qui entoure le cartilage branchial. Au milieu d'un tissu conjonctif fibrillaire, et au milieu des mailles plus ou moins larges de ce tissu, on reconnaît quelques sections de fibres musculaires, des cœcums vasculaires, et des ramifications nerveuses. Les vaisseaux sanguins sont assez nombreux et forment un riche plexus au milieu du tissu conjonctif. Le nerf qui arrive à cet appendice n'est autre que la branche la plus interne, détachée du gros rameau nerveux branchial, rameau qui dès sa sortie du ganglion se ramifie en nombreux cordons destinés à chaque filament branchial.

Je n'ai jamais trouvé dans cet organe de tige cartilagineuse (1) comparable à celle des filaments branchiaux.

La consistance du tissu central de ces palpes est résistante et rappelle d'ailleurs celle du tissu que nous retrouverons dans la collerette.

APPAREIL RESPIRATOIRE. — BRANCHIES. — Une étude très complète a été faite sur les branchies des Serpulacés par Oerley (**43**) qui confirme un grand nombre d'observations de Claparède, et qui donne la description d'appareils branchiaux chez beaucoup d'espèces, entre autres *Br. Köllikeri* (Clprd). Il reconnaît que chaque branchie est constituée par un lobe en forme d'arc, qui se détache de la tête ; qu'une pièce de réunion (Verbindüngstück) joint le lobe gauche au lobe droit, et que de ces lobes se détachent les filaments branchiaux, dans lesquels se trouvent des cordons représentant les tissus conjonctif, nerveux et musculaire, ainsi qu'un vaisseau branchial.

Chez les *Br. de l'Étang de Thau*, les branchies portées par la tête, sont au nombre de deux. Elles sont symétriques. La lame basale de consistance cartilagineuse est concave vers l'axe médian du corps, convexe en dehors. Elle porte de 35 à 50 filaments branchiaux, atteignant 0^m02, 0^m03 et même 0^m04 centimètres de long sur 0,001 millimètre de large. Chaque filament porte des barbules insérées sur deux rangées latérales, et au sommet, un point oculaire, ainsi que je l'ai déjà dit.

La lame basale courbe est formée au centre par un tissu résistant qui a été qualifié du nom de cartilage, surtout à cause de sa consistance. Ce cartilage est entouré par une lame conjonctive recouverte par un épithélium. (Pl. II. fig. 34-35-36, etc.) La masse cartilagineuse centrale de la base de chaque branchie est formée par la réunion de petites cellules, à contours polygonaux, intimement unies les unes aux autres. Quelques noyaux entourés d'un coagulum colorable apparaissent en leur milieu

---

(1) Récemment, M. Viallanes (**66**) dans un mémoire sur le squelette branchial des Sabelles, parle des tentacules branchiaux nombreux de l'appareil respiratoire et dit qu'il existe chez la Sabelle une paire d'antennes, se présentant sous l'aspect d'un stylet très effilé à sa pointe, au contraire aplati en lame à sa base. Ces antennes, d'après M. Viallanes sont insérées sur les lobes branchiaux comme les tentacules, mais sont situées bien plus près que ceux-ci de la ligne médiane. Elles correspondent certainement à ce que Pruvot a désigné sous le nom de palpes céphaliques, car il est démontré que les antennes des Sabelles sont rudimentaires ; ces antennes décrites par M. Viallanes, correspondent aux palpes céphaliques du *Branchiomma*. Chez la Sabelle, ces palpes (antennes, pour Viallanes) ont une tige cartilagineuse ; chez *Branchiomma*, cette tige manque.

4

ou sur les parois. J'ai employé pour étudier ce cartilage le procédé indiqué par M. Viallanes, qui consiste à laisser macérer la région antérieure du corps, pendant deux ou trois jours, dans l'alcool au 1/3, et à débarrasser, au moyen d'un pinceau, le tissu central cartilagineux proprement dit, des tissus mous qui le recouvrent. L'enveloppe conjonctive extérieure qui entoure immédiatement la masse des cellules décrites ci-dessus (lp, fig. 34 à 36), et qui a reçu, par homologie, avec l'enveloppe du cartilage des Vertébrés, le nom de périchondre, est construite comme chez la Sabelle. Elle montre sur une coupe, des lames minces placées les unes sur les autres se présentant comme des lignes concentriques alternativement claires et obscures. Elle est recouverte directement par l'épithélium externe. Dans la région du « Verbindùngstùck » de Oerley, pièce de réunion qui existe également ici, la lame de périchondre paraît devenir moins dense ; les lamelles qui la forment sont moins fortement serrées, et j'ai pu voir sur quelques préparations, entre ces lames d'aspect finement strié, des éléments cellulaires conjonctifs, nombreux et nucléés. Ce n'est là d'ailleurs, qu'une disposition semblable à celle qui a été vue chez d'autres espèces ; on sait en effet que les lamelles du périchondre sont formées par une substance fondamentale homogène, à la surface de laquelle sont appliquées des cellules conjonctives ramifiées.

La couche de périchondre est plus épaisse sur la face convexe externe de la lame branchiale. Au dehors, elle est recouverte par des cellules épithéliales cylindriques présentant quelques granulations de pigment. Quant à la lame interne du corps cartilagineux, elle est en relation avec des faisceaux musculaires, très nombreux dans la région postérieure du lobe branchial et qui, s'insérant sur cette lame, sont considérés comme les muscles destinés à ouvrir ou à fermer l'appareil branchial. Viallanes (**66**) les a vus chez la Sabelle, et les appelle muscles moteurs de l'appareil branchial. Les relations des tissus de la branchie avec les tissus du corps sont réalisées comme chez les Serpulacés et, ainsi que l'a décrit Oerley (**43**), au moyen de deux pédoncules, un pour chaque côté. Ces pédoncules sont logés dans une sorte de gouttière ou dépression de la masse cartilagineuse du lobe branchial qui les entoure ; ils sont traversés par des vaisseaux et des nerfs, dont nous étudierons les trajets ultérieurement.

Filaments branchiaux. — L'axe des filaments branchiaux est occupé par une baguette cartilagineuse, sorte d'organe de soutien qui se détache du lobe cartilagineux basal inférieur.

Cet axe est formé par la superposition de cellules entourées d'une mince enveloppe de périchondre (Pl. I, fig. 22, 23, 24). Elles sont en tout semblables à celles que nous venons d'étudier précédemment. On comprendra facilement leur arrangement en examinant les fig. 22 et 24 représentant les coupes transversale et longitudinale de cet axe ; ces cellules sont plates, empilées les unes sur les autres. Au niveau du point d'insertion d'une barbule latérale, on observe une légère excavation dans la masse cartilagineuse du filament principal. Cette excavation est occupée par une cellule plus grosse qui est la première cellule inférieure de soutien de l'axe secondaire cartilagineux de la barbule. Les cellules de la barbule sont cylindriques, placées sur un seul rang bout à bout.

Tous ces éléments cartilagineux ont, chez *Branchiomma*, les mêmes caractères que ceux qui sont décrits par M. Viallanes (**66**) : parois assez épaisses, noyau volumineux central, traînées protoplasmiques entourant ce noyau et se dirigeant vers la périphérie.

Autour de cet axe rigide, élastique, se disposent des tissus périphériques qui limitent, à la face ventrale du filament, une cavité tubulaire occupant toute la longueur de cette tige. Sur la face interne du squelette cartilagineux s'étend un vaisseau sanguin unique, qui parcourt toute la longueur du filament, dont il occupe la ligne médiane. Ce vaisseau, au niveau de chaque barbule, émet une fine ramification qui se termine en cul-de-sac au sommet de cette barbule. Sur les faces latérales de la cavité du filament branchial, une lame musculaire et un petit filet nerveux s'étendent également tout le long de la branchie. Tout cet ensemble est recouvert par une lame très fine sur laquelle les éléments épithéliaux viennent s'appuyer et qui n'est autre que la lame basale de ces éléments épithéliaux. Ceux-ci sont cylindriques et toujours ciliés. Ils prennent, à la face interne du filament branchial, entre les rangées de barbules, des dimensions un peu plus considérables que sur les autres parties du filament, et forment deux petits bourrelets épidermiques ciliés, déjà décrits par Claparède (**8**) et qui paraissent avoir échappé à Oerley (**43**) chez *Br. Köllikeri*. Quelques éléments épithéliaux glandulaires sont disséminés dans cet épiderme, ainsi que des granulations pigmentaires, abondantes dans certaines cellules. Celles-ci sont placées à la même hauteur dans chaque filament : elles contribuent à former ces cercles colorés de si bel aspect chez l'animal vivant et, d'après Oerley, jouent un rôle dans la respiration cutanée.

Les figures données par Claparède (**8**) et Oerley (**43**) représentant des coupes de filaments branchiaux chez divers Serpuliens, entre autres

Branchiomma et *Spirographis* me dispensent de faire de nouvelles figures à ce sujet.

Collerette céphalique et lobes dorsaux. — La collerette céphalique chez *Branchiomma* se présente comme une lame circulaire entourant presque complétement la région antérieure de l'animal, et s'élevant comme un rebord de 0^m002 à 0^m003 millimètres, dans sa hauteur moyenne. Elle est d'un blanc rosé. Son bord supérieur se recourbe souvent en dehors, en formant de petits lobes colorés. Cette collerette est partagée sur la ligne médiane ventrale par un sillon profond qui la divise en deux portions symétriques. Les régions immédiatement voisines de ce sillon sont développées de chaque côté en un lobule assez grand, recourbé vers le dehors et se terminant en une pointe aiguë. Enfin, de chaque côté, un autre sillon partage la collerette en deux nouveaux lobes latéraux. De cette description, il résulte que la collerette est divisée en tout, par trois sillons, en deux lobes ventraux et deux lobes latéraux. Ces derniers viennent, en diminuant graduellement de hauteur, se terminer sur la face dorsale ; entre les points les plus rapprochés de ces lobes, il reste un espace libre de 0^m004 à 0^m005 millimètres, occupé par deux nouvelles languettes, colorées en brun, qui viennent en ce point terminer la paroi dorsale du corps : ce sont les lobes dorsaux. Ceux-ci sont séparés par un sillon qui se trouve dans la direction de la gouttière dorsale copragogue. Ils ont la forme de deux lamelles triangulaires verticales, de 0^m002 de large à la base ; leur extrémité libre est souvent recourbée en dehors.

Les lobes de la collerette et les lobes dorsaux limitent intérieurement un espace polygonal, au milieu duquel sont insérées les branchies et les appendices divers de la région céphalique. Ils ont la même structure et sont formés par deux lames épithéliales extérieures, recouvrant un tissu central conjonctif, au milieu duquel se ramifient des nerfs et des vaisseaux. L'épithélium qui recouvre ces lobes est formé d'éléments glandulaires ou pigmentaires. Les cellules glandulaires de la face ventrale de la collerette sont de grosses cellules caliciformes à région profonde fortement renflée (Pl. II, fig. 41). Les éléments épithéliaux de la face interne sont muqueux et pigmentaires, mais ici ils restent toujours à peu près cylindriques et ne portent pas les gros renflements figurés sur la face ventrale. Les faces extérieures des lobes de la collerette sont les plus riches en glandes; au contraire, les lobes dorsaux ont leur face extérieure pigmentée, la face interne seule étant muqueuse.

Le tissu central de la collerette est formé par des travées conjonctives s'enchevêtrant pour donner un réseau très résistant, à mailles allongées, à parois plus ou moins épaisses qui limitent de nombreux espaces clairs, sphériques ou ovoïdes (Pl. II, fig. 41). La substance conjonctive, sur les coupes, paraît finement striée, quelquefois granuleuse ou fibreuse. En certains points, elle forme une large lame envoyant des prolongements dans différentes directions; ailleurs, au contraire, elle est de faible épaisseur et apparaît sous l'aspect de minces brides anastomosées, entourant des cavités claires. J'ai essayé en vain de dissocier en lamelles cette substance conjonctive, qui rappelle beaucoup, par ses diverses propriétés, la lame conjonctive d'enveloppe du cartilage ; le périchondre. Dans la portion inférieure de la collerette, une coupe transversale montre, entre les lames épidermiques, ce tissu conjonctif formant des alvéoles sphériques, séparées les unes des autres par des travées de même épaisseur et assez minces (Pl. II, fig. 36). Dans la région supérieure, on constate une plus grande irrégularité dans la taille et la disposition des mailles du tissu conjonctif et des cavités qu'elles entourent.

Dans ces cavités claires, on peut reconnaître, allant d'une paroi à l'autre, des brides très fines, sorte de travées délicates au milieu desquelles sont répartis des noyaux assez abondants. Des sections de fibrilles que je considère comme appartenant au tissu nerveux, et de nombreuses ramifications vasculaires, renfermant du sang coagulé, sont distribuées dans la collerette où elles forment un plexus. La présence de ce plexus vasculaire dans la collerette a déjà été signalée chez d'autres espèces, par beaucoup d'auteurs qui ont qualifié de charnu le tissu central qui forme cet organe. Je crois qu'on doit considérer le tissu conjonctif de la collerette comme un véritable tissu de soutien. Il est formé par une lame très résistante, envoyant des ramifications en différents sens, pour donner une masse d'apparence spongieuse, au milieu de laquelle se ramifient les nerfs et les vaisseaux, et où sont distribuées de nombreuses cellules nucléées.

Le rôle de la collerette céphalique est évidemment un rôle de sécrétion, mais la présence dans son épaisseur d'un riche plexus sanguin peut, jusqu'à un certain point, lui faire jouer un rôle assez important dans la respiration cutanée.

SYSTÈME NERVEUX

De nombreux auteurs ont étudié les trajets nerveux, et décrit les formes très variables des différents ganglions œsophagiens, chez les Annélides. Faire un historique relatif à cette question serait très long et ne présenterait pas, dans le cas actuel, un grand intérêt.

A ma connaissance, le système nerveux du *Branchiomma* n'a jamais été décrit. Claparède (**8**) seul, signale chez une des espèces de ce ce genre qu'il étudie, la présence d'une fibre tubulaire géante dans la région thoracique. En revanche, des genres voisins ont été fort bien étudiés et à ces travaux sur l'anatomie générale du système nerveux chez les Annélides, doivent s'ajouter ceux, plus récents, ayant trait surtout à l'histologie des centres nerveux, chez quelques familles.

Dans le cours de ce chapitre, je me contenterai de comparer les observations que j'ai pu faire, au sujet du système nerveux du *Branchiomma*, avec les descriptions se rapportant aux genres les plus voisins.

Dans ce système nerveux, il y a lieu de distinguer deux régions : les centres de la région céphalique, ou cerveau, et la chaîne ganglionnaire ventrale.

Le cerveau du *Branchiomma* est construit comme celui de la *Sabella pavonina* décrit par Pruvot (**48**) dans son mémoire sur les Annélides Polychètes.

Il est logé dans le premier anneau du corps et se compose de quatre masses ganglionnaires de dimensions inégales. Deux de ces masses, situées à la face dorsale, au dessus du tube digestif, constituent les ganglions sus-œsophagiens proprement dits (Pl. II, fig. 37, g.œ.). Ces ganglions sont placés l'un à côté de l'autre, très près l'un de l'autre, et réunis par une commissure large. (Pl. II, fig. 47, Cm.).

Les deux autres masses sont situées de chaque côte du tube digestif, à gauche et à droite : ce sont les ganglions œsophagiens latéraux. (Pl. II, fig. 38, g. l.).

Ces derniers sont ovoïdes ; par leur extrémité dorsale, ils sont en rapport avec les ganglions sus-œsophagiens dorsaux et, par leur région inférieure ou ventrale, se continuent directement avec les cordons de la chaîne nerveuse : les ganglions latéraux sont les plus gros. Tout cet ensemble forme un véritable anneau ou collier œsophagien entourant le tube digestif.

De chacun des ganglions sus-œsophagiens médians, se détachent seulement un petit filet nerveux, qui se dirige vers le haut et innerve, de chaque côté de la ligne médiane, les tissus entourant la base de l'arc cartilagineux et les différents petits replis qui s'y rencontrent. On sait que ces derniers, d'après la dénomination de Pruvot, ont la valeur de vraies antennes, très réduites.

Quant aux ganglions latéraux du cerveau, chacun d'eux donne naissance à plusieurs nerfs, dont le plus important est le nerf branchial. Celui-ci naît à la face antérieure du ganglion latéral ; à son origine, il est assez volumineux, mais, après un trajet très court en avant, il se divise en nombreux rameaux étalés en éventail. Le rameau le plus proche de la ligne médiane va dans le lobe membraneux discoïdal ou palpe : tous les autres se dirigent chacun vers un des filaments branchiaux. Dans chaque filament, le nerf se divise encore en deux cordons très fins (ainsi que je l'ai décrit et ainsi qu'Oerley (**13**) l'avait démontré chez les Serpules), situés sur les faces latérales du filament et appliqués contre les cordons musculaires. Ces nerfs arrivés à l'extrémité du filament branchial, dans le voisinage du point oculaire, se résolvent en de nombreuses branches qui s'insinuent au milieu du tissu conjonctif fibrillaire environnant, et viennent se mettre en communication avec les pointes effilées des éléments visuels. Arrivés à ce niveau, ces nerfs m'ont complétement échappé, je ne puis rien dire de précis au sujet de la terminaison exacte des fibrilles qui sont d'une finesse extrême.

Outre ces gros nerfs branchiaux, les ganglions œsophagiens latéraux, émettent chacun un nerf, plus interne que ce premier nerf branchial et qui se dirige vers la partie antérieure de l'animal ; il va se perdre en ramifications, dans les ampoules labiales latérales. Ici encore les fibrilles nerveuses sont entremêlées à des ramifications fibrillaires conjonctives, au milieu d'un plexus vasculaire.

Quant au nerf qui innerve l'organe auditif, il paraît provenir de la région postérieure externe du ganglion latéral. Ce nerf est très fin et il est d'autant plus difficile de suivre son trajet, qu'il traverse pour se rendre à l'otocyste, des couches assez épaisses de muscles longitudinaux. Claparède (**8**) indique, chez *Myxicola infundibulum*, un nerf qui prend naissance sur les ganglions cérébraux et vient s'étaler en une surface nerveuse, autour d'une fossette située sous les téguments. Il me paraît évident que ce nerf correspond au nerf auditif du *Branchiomma* ; on sait d'ailleurs que Clarapède considérait déjà la fossette qu'il décrit comme un organe des sens.

Chaîne nerveuse abdominale. — A l'extrémité postérieure légèrement effilée des ganglions cérébroïdes latéraux, fait immédiatement suite la chaîne nerveuse. De chaque côté, en effet, le cerveau est en continuité de substance avec un cordon qui s'étend jusqu'à l'extrémité postérieure du corps. Le cordon nerveux ventral reste distinct de chaque côté. Ce cordon est situé à une faible distance du plan médian et logé contre le cordon musculaire longitudinal, un peu au-dessous de celui-ci. Dans chaque anneau, la chaîne nerveuse se renfle en deux ganglions peu volumineux. Ces renflements ganglionnaires sont placés au-dessus et au-dessous du diaphragme et immédiatement contre ce dernier. Ils sont placés très près l'un de l'autre, réunis par une commissure transversale. Sur des dissections, ils paraissent parfois fusionnés ; mais sur des coupes, il est toujours facile de reconnaître entre les deux commissures un léger espace libre occupé par la membrane diaphragmatique.

La chaîne nerveuse du *Branchiomma* est donc construite sur le type dit en « échelle de corde ». J'ai représenté, Pl. I, fig. 33, une coupe transversale faite au niveau d'une de ces commissures (Cm.).

On rattache habituellement au système nerveux ces éléments particuliers, connus sous le nom de « fibres tubulaires géantes », « fibres colossales », si bien décrites autrefois par Claparède chez *Spirographis Spallanzanii*. Ces fibres géantes sont très développés chez *Branchiomma* : elles s'étendent comme de longs cordons sur la chaîne nerveuse et sont situées en dedans de cette chaîne vers le plan médian de symétrie de l'animal ; au niveau des ganglions, elles passent un peu sur le côté et au-dessus de ceux-ci. Un dessin des « Annélides sédentaires » (8) représente en coupe les fibres géantes chez *Br. vesiculosum*. Ces fibres ont été étudiées par bon nombre d'auteurs : Rohde (58) en particulier en donne une description complète et détaillée, chez certains types de la famille des Aphrodites. Au point de vue anatomique, je ne puis que confirmer ce qu'a dit Claparède, au sujet du trajet de ces fibres géantes : elles pénètrent dans le cerveau, où elles se ramifient en nombreuses petites branches dont il est facile de retrouver les sections transversales, sur les coupes. Des commissures transverses existent entre ces fibres, en arrière des commissures œsophagiennes. Ce fait paraît assez général. Pruvot (48) dans ses recherches sur les éléments nerveux, se range à l'avis de Claparède, et récemment Cunningham (13) a reconnu la présence de ces commissures chez *Spirographis* ; les branches formées par les divisions de ces commissures, se continuent dans le cerveau, en ramifications de plus en plus fines.

Le bouclier et les téguments de la face ventrale reçoivent un filet nerveux très fin, qui se détache du connectif et de la face ventrale de celui-ci. De chaque ganglion sortent deux nerfs. Le premier prend naissance dans la région latérale et ventrale du ganglion. Il se dirige entre la couche musculaire annulaire et le faisceau longitudinal, contourne celui-ci et va se distribuer dans les parois du corps. Le second naît au contraire sur la face latérale dorsale du ganglion et s'applique contre le muscle longitudinal voisin, qu'il contourne également. J'ai pu suivre le trajet de ce nerf jusqu'à son arrivée sur les parois de l'organe segmentaire. Je crois, d'ailleurs, qu'il continue son trajet jusque dans les rames pédieuses et qu'il se distribue dans les masses sétigères.

La collerette antérieure reçoit ses nerfs des ganglions du premier anneau du thorax.

L'anatomie générale du système nerveux étant connue, il me reste à étudier la structure histologique des éléments qui le composent, et la disposition de ces éléments dans le cerveau, dans les ganglions et dans les cordons commissuraux.

Dans chaque centre ganglionnaire, il existe deux substances qui correspondent aux termes connus de substance corticale et de substance médullaire. A la périphérie, se trouvent toujours des cellules nerveuses alors que le centre est formé par une masse qui se résout en fibrilles entrecroisées en différents sens. Il n'y a donc pas lieu de distinguer ici une substance ponctuée. Entre les paquets de fibres coupées obliquement, on rencontre parfois des fibrilles coupées transversalement, dont les sections forment une masse granuleuse centrale, au milieu des paquets de fibres enchevêtrées. (Pl. I, fig. 33).

Les cellules nerveuses du *Branchiomma*, m'ont paru être assez constamment multipolaires; quelques-unes ne présentent cependant qu'un prolongement. Je retrouve ici les deux types de cellules décrites par Rohde (**58**) : les unes sont petites, claires, pyriformes, serrées les unes contre les autres, et leur noyau est granuleux; les autres sont plus grandes, sphériques et généralement isolées.

Rohde figure en outre d'énormes cellules ganglionnaires, mais cet auteur n'ayant pas indiqué les grossissements de ses dessins, il est impossible de se rendre compte des dimensions de ces éléments qui, d'ailleurs, me paraissent ne pas exister chez *Branchiomma*.

Les ganglions supérieurs du cerveau sont toujours mal limités sur les coupes : une lame de tissu conjonctif assez épaisse forme une enveloppe externe à chaque ganglion, mais cette lame d'enveloppe n'est bien apparente qu'à la face ventrale des ganglions, tandis qu'à la face supérieure, elle est moins accusée et se confond avec les tissus conjonctifs voisins.

J'ai figuré, Planche II, deux coupes successives de la masse sus-œsophagienne (fig. 46 et 47). Sur ces coupes, faites suivant un plan horizontal, non seulement les ganglions sus-œsophagiens sont intéressés, mais aussi la région extérieure des ganglions latéraux qui sont en relations intimes avec les premiers. Ces ganglions coupés tangentiellement forment les deux prolongements figurés à droite et à gauche des dessins.

A la face antérieure et sur la ligne médiane, un léger sillon, marquant la région où s'accollent les deux ganglions cérébroïdes sus-œsophagiens, est occupé par une lame, colorable par les réactifs, et qui est de nature conjonctive. Au milieu de la substance centrale du cerveau, on constate la présence des lacunes que j'ai indiquées plus haut, et qui sont dues aux ramifications des fibres tubulaires géantes.

Les cellules nerveuses du cerveau sont généralement réunies en îlots plus ou moins distincts à la surface des ganglions. Elles forment en particulier vers la face antérieure, sur chaque ganglion, une masse assez volumineuse. Les prolongements de ces cellules se dirigent tous vers la masse centrale où ils paraissent se perdre au milieu de la substance fibrillaire.

Dans les ganglions œsophagiens latéraux, la substance fibrillaire est surtout située dans la région interne, tandis que les cellules nerveuses occupent le côté externe de ces ganglions. Ces cellules sont plongées au milieu d'un tissu finement réticulé ; leurs noyaux sont volumineux et sphériques.

Les fibrilles nerveuses ont dans les ganglions latéraux une direction presque constante. Elles sont disposées en paquets plus ou moins gros qui se dirigent de la face dorsale à la face ventrale et viennent se continuer avec les faisceaux fibrillaires du cordon correspondant de la chaîne nerveuse abdominale. Ces ganglions œsophagiens latéraux sont entourés par une lame conjonctive assez épaisse. Les cellules nerveuses ont les dimensions les plus considérables dans la région inférieure des ganglions, et leurs prolongements sont moins apparents. On peut constater néanmoins, sur quelques préparations, la continuité de substance entre les fibrilles nerveuses d'un faisceau central et les cellules nerveuses avoisinantes. La face interne du ganglion est occupée, dans sa région inférieure, par la fibre tubulaire géante qui longe ce ganglion avant de pénétrer dans la masse cérébrale.

Dans les cordons nerveux de la chaîne ventrale, les fibrilles nerveuses centrales ont généralement une direction longitudinale ; quant aux cellules nerveuses, elles occupent la région périphérique et sont beaucoup plus nombreuses à la face ventrale du cordon où elles acquièrent leur plus grande taille.

Au niveau des commissures transversales, la chaîne nerveuse présente, comme on sait, deux petits renflements ganglionnaires. Sur une coupe transversale faite à ce niveau (Planche I, fig. 33), on peut constater que les ganglions de la chaîne sont réunis par un filet commissural dont le centre est occupé par des paquets de fibrilles.

La direction de ces paquets de fibrilles est régulièrement horizontale dans la région médiane commissurale. Arrivés au centre de chacun des ganglions, ces faisceaux horizontaux s'étalent et prennent des directions différentes. Le centre des ganglions est occupé par ces fibres nerveuses coupées en différents sens ; les ponctuations centrales de la figure 33 de la Planche I sont dues à des fibrilles coupées transversalement. Autour de cette substance fibrillaire centrale, des cellules nerveuses de taille variable occupent les faces latérales des ganglions, et sont disposées dans un certain ordre. A la face ventrale surtout, on trouvera les éléments les plus volumineux, plongés au milieu d'un tissu réticulé, à mailles larges. Ces cellules (Pl. II, fig. 48) forment une couche assez épaisse entre la substance fibrillaire et le tissu des boucliers ventraux, qui s'étend jusqu'à la face ventrale du système nerveux.

La fibre nerveuse géante est adossée contre le cordon nerveux ainsi constitué (Pl. II, fig. 48).

Tout l'ensemble de la chaîne nerveuse est entouré par du tissu conjonctif dans lequel on distingue de petits noyaux granuleux. La structure des ganglions de la chaîne nerveuse abdominale est la même, dans les ganglions antérieurs et dans les ganglions postérieurs.

Quant aux nerfs, ils possèdent également, dès leur origine, une région centrale fibrillaire, entourée par des cellules nerveuses.

ORGANES DES SENS

ORGANES DE LA VUE. — Les points oculaires, situés au sommet des filaments branchiaux, ont été l'objet de différentes recherches chez des espèces voisines du *Branchiomma* que j'étudie.

Claparède (**7**) les signale chez *Br. Köllikeri* où ils sont piriformes ;

la section optique d'un seul œil présente 30 cristallins, et la pointe de
ces cristallins est cachée dans un pigment violet central. Chez *Br. vigilans* et chez *Br. vesiculosum*, d'après Claparède, l'œil est constitué de
la même façon. Quant à la structure des éléments visuels, elle est peu
connue : on ne trouve aucune description, s'y rapportant, dans les ou-
vrages de Claparède.

Kölliker (**32**) en 1858, avait publié quelques observations sur les
organes visuels de deux Annélides tubicoles. Chez *Br. Dalyelli*, Kölliker décrit de 18 à 20 taches pigmentaires circulaires saillantes qui, à
l'examen microscopique, paraissent être des yeux composés. Chacune
d'elles comprend 15 à 18 corps limpides, hyalins, pyriformes, analogues
à des cônes cristallins, disposés de distance en distance et très régulièrement au milieu d'une zone foncée, remplie de granulations de pigment.
Kölliker n'a pas reconnu, dans ces organes, d'éléments semblables à des
nerfs. Il remarque que la cuticule, au centre de la surface externe de la
lentille, présente une légère dépression, et que les cônes cristallins portent quelquefois à leur surface externe, une espèce de petit trou ou
de petite fossette qui semble se continuer par un fin canalicule. Comme
organe accessoire de cet œil, Kölliker signale une sorte de paupière se
rabattant sur l'œil, quand l'animal rentre dans son tube.

Une autre espèce indéterminée étudiée, par Kölliker (**32**), portait
huit rayons branchiaux, terminés chacun par un organe visuel. Celui-ci
représentait un corps pyriforme appliqué latéralement contre le rayon
branchial. Il se composait de 50 à 60 yeux simples, dont chacun possé-
dait un petit corps réfringent recouvert par une cuticule légèrement proéminente. Une masse pigmentaire d'un brun rougeâtre enveloppait les
cônes cristallins. D'après la description de Kölliker, on peut conclure
que cette seconde espèce, seule, appartient au genre *Branchiomma*, tel
qu'on l'admet aujourd'hui. Les observations de Kölliker, au sujet de ces
organes visuels ne manquent pas d'un certain intérêt. Elles devaient
être suivies d'un travail avec planches, annoncé par l'auteur en 1858 ; ce
travail, que je sache, n'a jamais été publié.

M. de Quatrefages (**51**), dans un mémoire spécial sur les « Organes
des sens des Annélides », étudie avec soin le sens de la vue chez différents types. En ce qui concerne les Sabelles proprement dites, le savant
naturaliste a reconnu la présence d'yeux sur leurs branchies. Ces yeux
possédaient des cristallins multiples et les branchies avaient dans leur
intérieur un petit filet nerveux, véritable nerf optique destiné, selon
les prévisions de de Quatrefages, à former les rétines des cristallins
multiples que renferment les masses de pigment.

En 1878, J. Chatin (**6**) étudie les yeux de *Dasychone Bombyx* (Dalyell) *Dasychone lucullana* (Delle Chiaje), *Psygmobranchus protensus* (Phil.) et *Protula intestinum* (Lk.) et admet que l'examen histologique des yeux du *Branchiomma* donnent des résultats identiques à ceux qu'il constate chez ces espèces. Or ces résultats sont les suivants : le *cône*, de forme oblongue, est reçu dans la portion supérieure ou légèrement renflée du *bâtonnet vrai*, lequel s'amincit vers son extrémité opposée, et est enveloppé d'une gaîne pigmentaire. A propos du *Dasychone*. M. J. Chatin est beaucoup plus affirmatif au sujet du corps qui pour lui est le bâtonnet vrai ; il dit en effet : « La portion basilaire, que je désignerai ici, comme dans ces derniers (les Arthropodes), par le nom de bâtonnet, est élargie supérieurement, amincie inférieurement. Un épais pigment la colore d'une manière intense et s'avance même sur les bords du cône. » Enfin, dans la fig. 42 de son ouvrage, M. J. Chatin (**6**) représente un bâtonnet isolé ; sous la dénomination de cône, il figure la portion supérieure, périphérique, transparente, correspondant sans aucun doute aux cristallins de Kölliker et de Claparède, le bâtonnet proprement dit, étant représenté par une région de forme triangulaire fortement pigmentée et enchâssant le cône. Il n'est question ni de cuticule, ni de filets nerveux.

J. Carrière (**4**) signale les travaux de Kölliker sur *Br. Dalyelli* et ajoute : peut-être la constitution de ces yeux est-elle semblable à celle des yeux de *Pectunculus* et *Arca*.

Telles sont jusqu'à ce moment les observations faites à ma connaissance sur les organes visuels des *Branchiomma*.

J'ai employé comme réactifs fixateurs : l'acide osmique en solution à 1/100, les liqueurs picro-sulfurique, picro-nitrique et chromo-osmique qui m'ont donné des résultats satisfaisants (1).

Les procédés compliqués, donnés par Patten (**45**) et que j'ai essayés à différentes reprises, m'ont fourni de moins bonnes préparations.

Après fixation par l'un ou l'autre de ces procédés, les organes deshydratés étaient montés dans la paraffine et débités en coupes.

---

(1) Voir Hennegny et Boles Lee (**24**).
Les 3 mélanges chromo-osmique que j'ai employés étaient faits dans les proportions suivantes : { Solution d'acide osmique à 1/100 : 1 cent. cube. / Solution d'acide chromique à 1/5 : 3 ou 5 ou 10 cent. cubes.
Les pièces à fixer restaient au moins 1/2 heure dans le mélange.

Quant aux procédés à employer pour la dépigmentation, après bien
des essais à l'eau de chlore, à l'eau de javelle, au chlore naissant, au
chloroforme acide ou exposé à la lumière, procédés qui ont donné de
bons résultats à plusieurs auteurs, ils ne m'ont pas réussi. Je me suis
arrêté à celui-ci: quand les coupes, fixées sur la lame par l'albumine
bien sèche, sortent de l'alcool à 60°, je dépose une goutte d'acide nitri-
que pur sur les coupes encore humectées par cet alcool, et je lave immédiatement. La disparition du pigment est presque instantanée, et les
éléments cellulaires restent absolument intacts.

J'ai employé enfin, pour monter définitivement les préparations, des
liquides de réfringence variable, tels que Baume de Canada et Xylol ;
Glycérine, Naphtaline, etc.

Les yeux du *Br. de l'Étang de Thau* ont la forme d'une sphère,
légèrement effilée vers un de ses pôles, celui qui est le plus près de la
tête. Un sillon blanchâtre existe le long de la surface de cette sphère,
formant une véritable zone incolore.

La masse oculaire n'entoure pas complétement l'axe du filament branchial, mais laisse libre, d'un côté de celui-ci, une sorte de gouttière
occupée par des cellules épithéliales, semblables à celles qui recouvrent
le reste de la surface des branchies.

La structure des yeux les plus gros, portés par les filaments droits, et
qui atteignent 1/2 millimètre de diamètre, est la même que celle des
petits points oculaires des autres filaments.

L'examen microscopique des coupes transversales de la masse oculaire non dépigmentée, montre que cette masse est constituée par des
régions (Pl. I, fig. 12) plus claires, en forme de secteurs sur les coupes
(cônes sur l'œil entier), séparées les unes des autres par des traînées de
pigment. Ce pigment, très abondant, est coloré en jaune brun. Presqu'au
centre de la coupe, se trouve la section de l'axe branchial, autour duquel
s'étend un réseau, formé de tissu conjonctif et nerveux. Les fibrilles
nerveuses sont, dans cette région, extrêmement fines et résultent de
l'épanouissement des petits filets nerveux des branchies.

Chacun des secteurs clairs de cette masse oculaire, ne peut être vu en
entier sur une seule coupe. En réalité, ces secteurs représentent les
sections de cônes, dont les axes ne seraient pas exactement perpendiculaires à la surface sphérique de l'organe, mais un peu obliques et inflé-
chis vers la région inférieure amincie de la masse oculaire générale. Ces
secteurs sont au nombre de 80 à 100 sur les gros yeux, 40 à 50 sur les
petits. Ils sont tous semblables et sont constitués chacun de la façon
suivante.

A la périphérie, c'est-à-dire, vers la base du cône, se trouve un corps cristallin, très facilement colorable par les réactifs et appliqué directement sous la cuticule générale de l'œil. Cette cuticule ne présente pas d'épaississements particuliers, elle a les mêmes caractères que celle qui s'étend sur les autres régions.

Ce corps cristallin presque sphérique a parfois, sur les préparations fixées à l'acide chromique, une structure finement réticulée.

Immédiatement au-dessous de ce corps, un noyau fortement chromatique occupe le centre d'une cavité en forme de coupe. Ce noyau présente assez souvent des contours irréguliers. Il paraît petit, triangulaire quelquefois, et présente toujours en son centre un corpuscule plus foncé.

A cette première région extérieure fait suite une région protoplasmique très granuleuse, dans laquelle se rencontre quelque part, et sans position bien déterminée, un deuxième noyau ovale généralement beaucoup plus gros que le précédent.

Dans la région amincie inférieure du cône oculaire, au-dessous de ce noyau, se trouve un corps d'apparence lamellaire dont il est facile de constater la présence sur les préparations dépigmentées et montées, soit dans l'eau distillée, soit dans la naphtaline.

Ce corps paraît occuper toute la portion effilée de la cellule ; il est formé par des lamelles alternativement claires et obscures. Ces lames s'étendent sur une longueur égale à peu près au 1/3 du cône oculaire total. Enfin, l'extrémité effilée de la cellule vient se mettre en continuité de substance avec les fibrilles nerveuses résultant de l'épanouissement du nerf branchial.

Aucune trace de granulations pigmentaires n'existe dans tout ce système. Le pigment entoure ces éléments clairs et, pour étudier la disposition des cellules qui le renferment, il est nécessaire de s'adresser à des préparations dépigmentées qui laissent reconnaître les noyaux des cellules pigmentaires. Ceux-ci (Pl. I, fig. 11) possèdent un corps central ovale. Deux prolongements effilés s'étendent dans un sens radial, parallèlement à la surface du cône clair non pigmenté. Ces noyaux sont disposés sur plusieurs rangs et à différentes hauteurs.

J'ai dit plus haut, qu'un seul noyau existait au-dessous du corps pyriforme périphérique. Les figures 14 et 15, Planche 1, représentant des coupes tangentielles de la masse totale oculaire, viennent à l'appui de cette assertion qui a son importance. Dans la coupe la plus extérieure (fig. 14), les corps cristallins périphériques sont seuls intéressés et se présentent comme des cercles placés les uns à côté des autres, correspondant aux facettes de l'œil. Dans la coupe suivante (fig. 15), faite plus profondément, on aperçoit les noyaux au niveau de la région occupée sur la coupe précédente par les cristallins, et il est facile de se rendre compte du nombre égal des cristallins et des noyaux.

Sur cette coupe, où il reste parfois une portion du cristallin, on aperçoit sous ce corps lenticulaire, un noyau portant le nucléole central que l'on connaît. Ne serait-ce pas cet aspect du noyau vu par transparence au-dessous du corps cristallin, qui aurait fait croire à Kölliker que le milieu du corpuscule cristallin était percé d'un trou se continuant par un fin canalicule ?

Ainsi que je l'ai déjà fait remarquer dans une Note présentée à l'Académie des Sciences (3), je considère cet œil du *Branchiomma* comme présentant des affinités incontestables avec l'œil dit « composé » chez les Arthropodes ; par ses caractères et la disposition des parties élémentaires qui le constituent, il s'écarte considérablement des yeux connus chez les Annélides errantes, lesquels sont construits sur un autre type. Il est assez difficile, dans l'état actuel de nos connaissances sur cette question, de comparer l'œil du *Branchiomma* à l'œil des Arthropodes ; car on peut dire, que dans ce dernier groupe, les organes visuels sont encore à l'étude, les auteurs qui se sont occupés de cette question étant arrivés à des résultats différents. Grenacher (**21**) et Carrière (**4**) d'une part, Patten (**45**) d'autre part arrivent à des résultats absolument contradictoires en expliquant la structure de l'œil des Arthropodes.

Grenacher (**21**) admet en effet que l'œil élémentaire, l'ommatidie, comprend essentiellement : 1° des cellules cristallines sécrétant ordinairement un corps réfringent ou lentille cristallinienne ; 2° au-dessous des précédentes, un cercle de cellules pigmentées ou rétinules, vraies cellules visuelles. Chacune d'elle s'est différenciée sur son bord central pour former un corps particulier ou rhabdomère, la réunion de ces rhabdomères constituant le rhabdôme, ou organe percepteur des impressions lumineuses, correspondant au bâtonnet optique des autres animaux.

Carrière (**4**) explique l'œil des Arthropodes comme Grenacher, et de plus, dans ses recherches sur l'œil d'autres Invertébrés, Mollusques et Annélides, il trouve que la rétine comprend deux sortes de cellules : 1° des cellules pigmentées qui sont les cellules visuelles, et qui portent les bâtonnets, et 2° des cellules non pigmentées, accessoires, qui séparent les premières et dont la fonction sera de sécréter le corps vitré. Pour ces deux auteurs, l'élément essentiel de l'œil, aussi bien chez les Arthropodes que chez les Mollusques et les Annélides, est une cellule chargée de pigment ; c'est elle qui soutient l'élément remplaçant le bâtonnet ou rhabdôme, tandis que les cellules non pigmentées jouent dans la vision un rôle secondaire, servent de cellules de soutien ou donnent naissance à des milieux réfringents.

Pour Patten (**45**) au contraire, l'élément essentiel dans l'œil, « la cellule visuelle » est une cellule non pigmentée. Elle porte sur une de ses faces un bâtonnet ; elle est traversée par une fibre nerveuse axiale, qui pénètre dans ce bâtonnet et y fournit de nombreuses ramifications. Elle contient toujours deux noyaux. Des cellules pigmentées entourent ordinairement chaque œil élémentaire, et les séparent des yeux élémentaires voisins, mais elles sont purement accessoires, et ne peuvent jamais passer pour des éléments visuels. Patten retrouve les mêmes caractères fondamentaux de structure dans les yeux de tous les animaux, aussi bien Invertébrés que Vertébrés.

En ce qui concerne les Arthropodes en particulier, il admet que chaque œil élémentaire comprend : 1° un groupe de cellules visuelles, développant chacune un bâtonnet, qui répond à la formation ordinairement appelée : cône cristallin. Ces cellules se continuent jusqu'au fond de l'œil (couche nerveuse basale ?) par un « style » traversé par la fibre nerveuse axiale, qui se ramifie dans la substance du bâtonnet ou cône cristallin. Ce « style » donne naissance à un corps particulier, ordinairement formé de lamelles superposées, le « pedicel » ; 2° des cellules pigmentaires dont les plus importantes forment un cercle autour de la partie renflée du style qui renferme le « pedicel », cercle qui correspond aux rétinules de Grenacher. Le « pedicel » de Patten est toujours dépourvu de terminaisons nerveuses et doit être considéré comme un simple organe de réflexion : c'est l'homologue du rhabdôme de Grenacher.

Les observations de Patten sont fort remarquables et les résultats auxquels cet auteur est arrivé ont surtout une grande valeur, parcequ'ils nous montrent que la structure fondamentale de l'œil est identique dans tout le règne animal. Mais ces résultats sont si nouveaux et si inattendus, qu'avant de les admettre sans réserves, il est prudent d'attendre qu'il aient été confirmés.

Il est vrai que la fibre axiale avait déjà été observée dans les bâtonnets de certains animaux ; Grenacher la décrit chez les Céphalopodes ; Graber (**20**) l'avait indiquée chez plusieurs Annélides. Cette formation n'est pas d'ailleurs spéciale aux cellules visuelles. Récemment Pogojeff (**47**) a indiqué dans les cellules olfactives de la Lamproie une formation centrale qui a de grandes analogies avec cette fibre axiale des cellules visuelles.

Kingsley (**31**), dans ses recherches sur le développement de l'œil du

Crangon, confirme aussi un des points les plus importants des observations de Patten. Il reconnait en effet que les cellules visuelles s'étendent jusqu'au fond de l'œil, et admet que ces cellules donnent naissance au rhabdôme (« pedicel » de Patten).

Je ne cite que pour mémoire les idées de Lowne (**36**), qui admet que le cône cristallin et le rhabdôme de l'œil des Arthropodes sont purement et simplement des organes de réfraction ; qu'il n'y a pas d'organe récepteur des impressions lumineuses et que les images vont se former directement sur les couches de fibres nerveuses qui tapissent le fond de l'œil. Ces dispositions sont en complet désaccord avec les idées actuelles, sur la structure des organes des sens.

Restent donc en présence les deux opinions de Grenacher et de Patten. Même en admettant, ce qui paraît actuellement vraisemblable, que le rhabdôme est une formation des cellules cristallines (Grenacher) ou visuelles (Patten) et non pas des rétinules (Grenacher) ou cellules pigmentaires (Patten), il reste toujours à résoudre cette question :

Le rhabdôme constitue-t-il, comme le veut Grenacher, l'organe récepteur des impressions lumineuses ? Est-il un bâtonnet véritable, tandis que le cône cristallin n'est qu'une simple lentille réfringente ? ou bien, ce cône cristallin représente-t-il le bâtonnet de l'œil des Arthropodes, le rhabdôme n'étant qu'un organe accessoire ? Des observations ultérieures pourront seules décider entre ces deux observations.

En ce qui concerne spécialement mes recherches sur l'œil du *Branchiomma*, je dois dire que, malgré tous les essais tentés dans ce but, je n'ai jamais réussi à voir la fibre axiale de Patten et je n'ai jamais pu découvrir traces de ramifications nerveuses sur les cônes cristallins, ramifications admises par Patten dans les organes correspondants des Mollusques et des Annélides. En revanche dans l'élément visuel simple, dans l'œil élémentaire, je trouve deux noyaux.

Si on applique à l'œil du *Branchiomma* les théories de Patten, tout l'ensemble de l'appareil visuel, tel que je l'ai décrit, est une seule cellule visuelle avec ses deux noyaux ; le corps sous-cuticulaire devient le bâtonnet. Mais alors comment ce bâtonnet sera-t-il en relation avec les centres nerveux, puisque la fibre axiale n'existe pas ? et d'ailleurs on comprend difficilement l'existence de cette fibre axiale allant jusqu'à la périphérie, puisque la région inférieure centrale de la cellule visuelle est occupée par le corps réfringent lamellaire décrit plus haut. Si ce corps réfringent lamellaire est le bâtonnet, quelle signification devra-t-on donner alors au corps sphérique sous-cuticulaire ?

Dans la théorie de Patten, il deviendrait également fort difficile d'expliquer la présence de la région transparente nucléée, immédiatement situé au-dessous de la formation que, d'après cet auteur, nous devrions appeler le bâtonnet optique. Cette région est toujours bien nette. Elle a la forme d'une coupe, est entourée latéralement par des cellules chargées de pigment et, par sa face postérieure, est enchassée absolument dans la cellule sous-jacente granuleuse. Quoique les parois de cette cavité ne soient pas toujours très bien limitées, je ne peux m'empêcher d'admettre son individualité et de la comparer aux formations analogues qu'on rencontre chez de nombreux Arthropodes (cellules cristalliniennes).

Si, d'autre part, abandonnant la théorie de Patten, on veut chercher à expliquer les faits en s'appuyant sur les observations de Grenacher, on se butte immédiatement contre ce premier obstacle très important : c'est qu'on ne rencontre jamais trace de pigment dans cet ensemble comprenant : une lentille périphérique, une cavité sous-jacente nucléée, une cellule inférieure granuleuse également nucléée et portant un organe lamellaire postérieur ; ensemble qui, bien évidemment, représente un organe visuel.

Or Grenacher et Carrière, ainsi que je l'ai déjà dit, ont toujours considéré comme éléments visuels proprement dits, portant les organes percepteurs de la lumière, des cellules chargées de pigment, alors qu'ils considéraient les cellules non pigmentées comme des organes accessoires.

Cette difficulté écartée, les dispositions décrites dans l'œil du *Branchiomma* seraient conformes à celles qui ont été rencontrées d'une manière générale par Grenacher et Carrière dans l'œil des Arthropodes ; aussi je crois pour ma part, qu'on doit considérer l'œil élémentaire du *Branchiomma*, comme formé par deux régions distinctes : la région antérieure (cristallin et cavité sous-jacente) représente une cellule cristallinienne avec sa sécrétion (corps cristallin) et son noyau ; elle forme un appareil dioptrique. La région postérieure est l'élément percepteur proprement dit ; l'organe sensible ou bâtonnet y est représenté par ce corps formé de lamelles plus ou moins réfringentes, qui occupe l'extrémité effilée de chaque œil élémentaire. Ce corps correspond par sa structure, mais non par son origine, au rhabdôme des Arthropodes : car il est un fait évident chez *Branchiomma*, c'est que cet organe ne se développe pas, comme le veut Grenacher, chez les Arthropodes, aux dépens des rétinules pigmentées, mais toujours aux dépens d'éléments non pigmentés (cellules visuelles vraies de Patten).

Chacun de ces yeux élémentaires, ainsi constitué, est entouré de plusieurs cercles de cellules pigmentaires accessoires.

Quarante au moins, cent au plus de ces yeux élémentaires, réunis en une masse à peu près sphérique, forment un de ces petits points oculaires de taille variable, portés par les extrémités des filaments branchiaux et réprésentant, comme on sait, des yeux composés.

Organe de l'ouïe. — Aucun organe auditif n'a été jusqu'à présent, signalé dans les différentes espèces connues du genre *Branchiomma.* Ces organes n'existent-ils pas, ou bien ont-ils échappé aux observateurs antérieurs ? Il est probable que (ces espèces n'ayant jamais été étudiées par la méthode des coupes successives) ces organes auditifs, cachés sous les téguments, sont restés inconnus à Claparède (**7-8-9**) et à de Quatrefages (**50-51-53**) qui, cependant, décrivent des organes semblables chez des genres voisins : *Amphicorine, Amphiglena, Fabricia, Leptochone, Dialychone,* etc., etc.

De nombreux organes auditifs ont été décrits chez les Vers. Je ne citerai pas tous les travaux dans lesquels leurs descriptions sont faites : je me contenterai de rappeler les noms de deux auteurs, Grübe (**22**) et Stannius (**62**) qui, dès 1838 et 1840, découvraient des otocystes chez des Annélides. Chez *Branchiomma*, de chaque côté du corps, dans le voisinage de la première rame thoracique très rudimentaire, on reconnaît sur les coupes une petite cavité occupant la base du lobe latéral de la collerette. Ces deux cavités sont complétement invisibles à l'extérieur ; elles sont logées sous les téguments, sont closes de toutes parts, et sont en relation avec le cerveau au moyen d'un filet nerveux. Elles contiennent de nombreux corpuscules colorés. Je considère ces formations comme des vésicules auditives, et les corpuscules qu'elles renferment comme des otolithes. Elles ont la forme de sacs ovoïdes dont les parois sont tapissées par une lame épithéliale, et elles sont entourées par du tissu conjonctif.

J'ai figuré Pl. 1. fig. 17, 18 et 19, les dessins relatifs à ces organes. La fig. 17 représente une des extrémités de la vésicule auditive, alors que la lumière interne est encore peu apparente, et est remplie par les nombreuses granulations qui sont venues s'y accumuler. Des cellules épithéliales coupées en différents sens, et dont on distingue facilement les noyaux, entourent cet amas granuleux.

Sur des coupes passant dans une portion plus élargie de l'organe (fig. 17, 18), j'ai pu étudier la structure des parois de cette vésicule.

Les cellules épithéliales sont allongées, elles sont au moins 6 fois plus longues que larges, et possèdent chacune un gros noyau. Situés à différentes hauteurs chez des cellules voisines, ces noyaux paraissent disposés sans ordre dans la lame épithéliale, qui ne présente jamais trace de pigment. Les parois latérales des cellules épithéliales sont très nettes, mais il n'en est pas de même des parois antérieure et postérieure. La région qui doit porter le plateau et qui limite la cavité centrale de l'organe, est toujours chargée d'otolithes. Il m'a été impossible d'apercevoir ces plateaux, je ne sais s'ils portent des cils, car je n'ai pu faire d'observations sur le vivant; le peu de transparence des tissus avoisinants rend l'étude, par compression, absolument impossible.

Les otolithes m'ont toujours paru disposés en couche assez régulière sur les parois de la cavité auditive, et je suis tenté de croire qu'ils sont retenus là par des cils vibratiles enchevêtrés, d'autant plus que j'ai remarqué que les otolithes centraux, libres dans l'otocyste, s'accumulent dans la région inférieure de l'organe où on les retrouve en abondance sur les coupes.

Quant à la région profonde de la cellule épithéliale, elle se termine en pointe plus ou moins effilée. Les extrémités effilées de ces cellules se perdent dans un tissu très lâche qui entoure toute la lame épithéliale. Ce tissu est comparable à celui que j'ai signalé autour de l'axe cartilagineux des branchies dans le voisinage de l'œil. Il paraît former une enveloppe à l'organe auditif proprement dit, et doit être constitué par un réseau de fibrilles conjonctives et nerveuses, en relation avec les cellules épithéliales auditives. Les fibrilles de ce tissu, à un des pôles de l'organe, se réunissent en un paquet, et se continuent par un cordon plus dense qui se dirige entre les couches musculaires vers le cerveau : c'est le nerf auditif.

Les otocystes du *Branchiomma* ont les dimensions suivantes : l'ensemble de la vésicule, avec ses parois épithéliales et le tissu adjacent qui l'entoure, présente dans son plus grand diamètre, 0^{mm}210 millièmes de millimètre ; dans son plus petit diamètre, 0^{mm}100 à 0^{mm}110 millièmes de millimètre.

La cavité de cette vésicule a 0^{mm}120 millièmes de millimètre de long, sur 0^{mm}055 millièmes de millimètre de large.

TUBE DIGESTIF

Le tube digestif du *Branchiomma* s'étend dans toute la longueur de l'animal. La bouche est située sur l'anneau antérieur et l'anus sur le dernier segment du corps. L'ouverture buccale ne s'aperçoit que sur les animaux dont les branchies ont été enlevées. Elle est en effet située dans l'espace ovale laissé libre entre les deux croissants cartilagineux branchiaux, et elle est limitée par les ampoules latérales dont il a déjà été question dans un chapitre précédent. Ces ampoules labiales latérales ont la forme de bourrelets accolés l'un à l'autre par une de leurs extrémités (du côté de la face ventrale du corps) ; ils s'écartent l'un de l'autre au fur et à mesure qu'ils se rapprochent de la région dorsale. Ces lèvres représentent deux lobes prismatiques fixés par une face sur l'anneau céphalique.

Dans l'espace laissé libre par l'écartement de ces deux lèvres, se trouve une petite saillie conique, très peu élevée, qui limite ainsi avec les deux premières éminences labiales, trois fentes rayonnantes. Elle borde du côté dorsal, le vestibule buccal. C'est au point de rencontre de ces trois fentes que se trouve la bouche proprement dite.

A ces lèvres qui limitent le vestibule buccal viennent encore s'ajouter, pour former les parois d'une gouttière antérieure, les faces internes des deux palpes intra-branchiaux dont nous avons étudié la structure. Les bords internes de ceux-ci sont, comme on sait, très rapprochés l'un de l'autre et concourent à la formation d'une sorte de canal qui surmonte l'ouverture du tube digestif et dirige vers celle-ci les particules alimentaires.

Les ampoules labiales sont reliées à la paroi interne de la branchie correspondante, par un repli très fin lamellaire, qui s'élève librement dans le fond de l'entonnoir branchial à une hauteur de 0,^{m}001 millimètre à peine, dont la face interne est glandulaire et dont la face externe est pigmentée. Ce repli concourt encore à limiter le vestibule buccal dans la partie profonde de celui-ci.

La structure des deux lèvres buccales ventrales est la suivante : à la face externe, leur épithélium est formé de cellules à granulations pigmentaires ; à la face interne, il est glanduleux. La région centrale des ampoules est occupée par un tissu conjonctif peu serré. Les fibrilles qui le constituent, laissent entre elles de nombreux espaces vides occupés par des vaisseaux sanguins.

Les ramifications très tenues d'un petit filet nerveux venant de la face interne du ganglion œsophagien latéral, se perdent au milieu de ce réseau conjonctif. Dans la portion inférieure de la lèvre, c'est-à-dire dans la portion située le plus près du corps, on voit apparaître quelques fibres musculaires, dirigées en différents sens, et la surface interne de la lèvre devient ciliée. La petite lèvre dorsale, à peine apparente à l'œil nu, est construite sur le même type, les vaisseaux sanguins y sont également très nombreux.

A ce vestibule buccal cilié fait suite un conduit étroit, à parois épaisses. musculaires, véritable tube œsophagien. Cet œsophage se dirige d'abord directement vers la région postérieure, en occupant l'axe central du corps, puis il se courbe vers le côté ventral, pour redevenir dorsal dans la région moyenne du thorax. La paroi interne de ce tube, fortement plissée, est tapissée par de longues cellules épithéliales prismatiques. Ces cellules sont fortement granuleuses et leurs noyaux placés à différentes hauteurs forment une bande assez large vers la région médiane de la lame épithéliale ciliée. Autour de cet œsophage et immédiatement au-dessous de la lame basale épithéliale, apparaissent, sur les coupes, des sections de fibres musculaires, appartenant à deux systèmes de faisceaux et décrites déjà par Claparède. Les unes sont annulaires, les autres longitudinales.

Le tube digestif présente ces caractères, dans un seul anneau du thorax. Dès qu'il a traversé le premier diaphragme, il s'élargit et prend, dans chaque anneau, la forme d'un sac ovoïde dont le petit axe est égal à la distance qui sépare les deux diaphragmes des deux segments immédiatement voisins, et dont le grand axe serait égal à un peu plus de la moitié de la distance qui sépare les parois latérales internes du corps. Au niveau de chaque diaphragme le tube digestif subit un étranglement et se rétrécit en un canal à lumière étroite.

Il est donc constitué par une série d'ampoules, plus ou moins larges, suivant que les anneaux eux-mêmes sont plus ou moins élargis. Tous les renflements successifs sont construits sur le même type, et il n'y a pas lieu de distinguer, dans le tube digestif du *Branchiomma*, de régions spéciales pouvant porter les noms d'estomac ou intestin. Cependant les plissements de la lame épithéliale interne dans la région thoracique sont beaucoup plus nombreux que dans la région abdominale.

Le tube digestif est entouré par une membrane péritonéale qui l'enveloppe complétement, et il est maintenu en place dans la cavité générale par une bride de nature musculaire, véritable mésentère, connu chez des espèces voisines et appelé ligament mésentérique. Ce ligament partage la cavité générale en deux portions symétriques droite et gauche et sert aussi de soutien au vaisseau ventral.

La lame épithéliale interne du tube digestif est constituée par des éléments qui présentent toujours les mêmes formes, et qui ne sont pas différenciés en cellules glandulaires. A cette lame fait immédiatement suite, une enveloppe de nature musculaire. Cet étui musculaire, dont on constate surtout la présence dans la région voisine de l'étranglement diaphragmatique, est très mince, surtout à la surface de la région renflée du tube dans chaque anneau. Entre la membrane péritonéale, qui suit tous les concours du tube digestif et les parois de ce tube, s'étend un sinus occupé par le sang vert, coagulé sur les coupes, et accumulé surtout dans le voisinage des régions renflées de chaque ampoule digestive. Ce sinus est traversé par place, par de fines travées musculaires réunissant la couche des fibres du tube digestif à la membrane péritonéale externe. Ce sinus s'étend jusqu'à l'extrémité postérieure du corps.

Dans cette région postérieure où le tube digestif continue à présenter cette succession de renflements et d'étranglements, l'épithélium du tube digestif porte des cils. L'anus est terminal et s'ouvre librement au niveau de l'extrémité postérieure du sillon copragogue. Ce sillon, élargi en cette région, est cilié, comme on sait. Il est en rapport immédiat avec l'ouverture également ciliée du tube intestinal. Les matériaux rejetés par celui-ci sont immédiatement entraînés (par le courant résultant du mouvement d'arrière en avant, des cils vibratiles du sillon) jusqu'au dehors du tube d'habitation. On observera facilement cette expulsion des excréments par le sillon copragogue, en examinant ainsi que je l'ai fait, un *Branchiomma* dont j'avais enlevé le tube extérieur et qui s'était de nouveau construit un tube mince transparent.

Si on compare la structure et la forme du tube digestif du *Branchiomma*, à la structure et à la forme du tube digestif chez les autres Serpuliens, on remarquera une très grande ressemblance entre ce que je décris et ce qui a été décrit chez les espèces voisines.

On connaît à ce sujet les recherches de Claparède (**8**) chez *Amphiglena, Fabricia, Dyalichone, Salmacina, Spirorbis, Spirographis, Branchiomma*, etc., desquelles il semble résulter que, sauf chez *Spirographis*, le tube digestif est droit et, sauf chez *Br. vesiculosum*, ne présente pas d'organes glandulaires spéciaux ; il est toujours entouré par une gaîne vasculaire et ses parois sont formées par trois couches concentriques : une lame épithéliale, une couche de fibres musculaires et une enveloppe péritonéale.

Axel Viren (**68**) en 1885, a publié de nombreuses observations sur le système digestif de quelques Annélides et en particulier : *Amphicteus, Melinna, Thelepus, Terebella, Amphitrite, Pista, Terebellides, Pectinaria*, etc. Il semble résulter de ces recherches, que les parois du tube digestif sont formées par les trois couches décrites plus haut, entre lesquelles se trouve un sinus ou un lacis sanguin. Au point de vue histologique, cet auteur a reconnu, chez un certain nombre de types, que l'épithélium intestinal est différencié et présente parfois des corpuscules muqueux « Slemkörtlar » « Bägarcell » qui déversent leur contenu dans la lumière du canal digestif. Ces corpuscules ont, d'après Wiren, des formes diverses, mais ils rappellent toujours la forme des cellules caliciformes. Je n'ai absolument rien trouvé de semblable dans l'épithélium digestif du *Branchiomma*. Je dois ajouter de plus que les glandes décrites par Claparède n'existent même pas.

Claparède (**8**) dit en effet à ce sujet : « Dans le dernier segment thora-
» cique du *Br. vesiculosum*, on distingue dans la partie profonde de
» l'épithélium stomacal, des noyaux rayonnés. L'un de ces noyaux, vu
» à un fort grossissement, présente l'apparence remarquable figurée
» Pl. XIV, fig. 10 et fig. 11 (Annélides sédentaires). Le centre est occupé
» par une rosette formée d'une sorte d'auréole rayonnée, disposée
» autour d'un amas granuleux. De tous côtés aboutissent à la rosette
» de minces et longues cellules fusiformes dont la partie renflée est
» pleine de granulations. »

Pour Claparède, cette disposition est expliquée comme suit : l'épithélium de l'estomac est disposé en nombreux replis ; les parties les plus profondes de ces replis forment des culs-de-sac qui s'allongent et deviennent tubulaires. L'épithélium qui les borde devient glandulaire et la substance sécrétée est déversée dans ces cavités en culs-de-sac. Dans la figure 11 de Claparède, le centre granuleux de la rosette est la section d'une de ces cavités tubulaires ; l'auréole de la rosette est une cuticule épaissie, percée de pores ; enfin les follicules sont des cellules épithéliales, remplies de granulations sécrétées, entre lesquelles on en voit d'autres sans activité sécrétrice. La présence des noyaux n'a pu être démontrée dans ces cellules.

J'ai observé des images analogues à celles qui sont décrites par Claparède comme glandes composées, mais je crois être en droit de dire que ce ne sont point là des formations glandulaires. Voici l'explication que mes observations me suggèrent : le centre de la rosette est, en effet, comme l'a dit Claparède, une section transversale d'un sillon de la lame épithéliale, sillon se terminant en cul-de-sac. Les cellules de bordure, auxquelles cet auteur attribue le rôle d'une cuticule, ne sont autres que des portions de cellules épithéliales très voisines de ce cul-de-sac, coupées obliquement et dont la section est plus ou moins circulaire. Au centre de ce cercle, sur toutes mes préparations, existe un vide qui représente la coupe du sillon épithélial, ou cavité tubulaire de Claparède.

7

Quant aux cellules soi-disant glandulaires, ce sont simplement des cellules épithéliales semblables à leurs voisines, dirigées, non pas perpendiculairement à la paroi de la cavité tubulaire, mais un peu obliquement. Comme toutes ces cellules arrivent, par une de leurs extrémités, à la surface du sillon, elles paraîtront toutes, en coupe, venir se terminer au niveau de la rosette médiane et parfois en une pointe effilée. Claparède n'a pas reconnu de noyaux à ces cellules, mais dans quelques-unes il figure une substance granuleuse fusiforme qu'il a vue se colorer fortement. Il est certain que ce fuseau correspond, non pas à une substance granuleuse sécrétée, mais aux noyaux volumineux des cellules épithéliales. Ces noyaux sont coupés obliquement et se présentent ainsi allongés. De plus, comme toutes les cellules n'ont pas leur noyau à une même hauteur, il est évident que toutes les coupes de cellules ne contiendront pas ces corps centraux ; c'est ce qui arrive en effet. J'ai fait remarquer que les replis de la muqueuse digestive étaient plus nombreux dans la région thoracique que dans la région abdominale du corps ; cette observation nous permettra de comprendre pourquoi on trouve plutôt dans la région antérieure, ces organes en rosette de Claparède : ils correspondent simplement à une disposition spéciale de la lame épithéliale, et ne doivent pas être considérés comme glandes digestives composées.

CAVITÉ GÉNÉRALE

La cavité générale ou entérocœle du *Branchiomma* est divisée par des diaphragmes, en chambres correspondant à chacun des segments extérieurs du corps. Un ligament mésentérique, qui maintient en place le tube digestif et le vaisseau ventral, partage chaque chambre en deux cavités symétriques. Ce ligament est situé dans le plan médian dorso-ventral. Au niveau des mamelons sétigères, la cavité générale s'étend dans l'espace conique de la rame. Ces dispositions sont connues suffisamment d'ailleurs chez les genres voisins.

Sur les coupes longitudinales, sagittales ou horizontales, les diaphragmes montrent les sections des fibres musculaires qui forment leur masse centrale et qui sont réunies en paquets. Ces paquets de fibres sont entourés d'une mince enveloppe conjonctive. Les fibres musculaires des diaphragmes s'insèrent sur les parois du corps, en s'insinuant entre les faisceaux musculaires longitudinaux, et on peut voir sur certaines préparations, entre les fibres longitudinales des muscles du corps, les fibres transversales des diaphragmes qui ont une direction perpendiculaire aux premières.

Les fibres des cloisons intersegmentaires viennent se perdre dans le tissu intra-musculaire des faisceaux longitudinaux, parfois même traversent tout l'espace occupé par ceux-ci et viennent aboutir entre les fibres des muscles annulaires. Cette observation confirme une fois de plus les vues de Claparède au sujet de l'absence des raphés (voir chapitre relatif aux muscles de la paroi du corps).

Les diaphragmes intersegmentaires forment chez *Branchiomma* une cloison complète, sans aucune ouverture ; ils séparent complétement chaque anneau.

Le ligament mésentérique est inséré, du côté ventral, entre les cordons de la chaîne nerveuse ; du côté dorsal, entre les deux muscles longitudinaux du corps et dans la région où les deux faces latérales de ces muscles sont appliquées l'une contre l'autre.

Les parois de la cavité générale ainsi constituées, sont tapissées par de nombreuses cellules, possédant chacune un noyau sphérique. Elles sont souvent disposées en amas plus ou moins volumineux, et sont susceptibles d'acquérir des propriétés particulières sur lesquelles je reviendrai.

Cette couche de cellules a été reconnue et observée chez toutes les Annélides : Claparède (**8**) l'appelle péritoine, Cosmovici (**12**), revêtement péritonéal ; Jacobi (**25**) décrit les grosses cellules polygonales qui le forment, Maù (**40**) chez *Scoloplos armiger*, Steen (**63**) chez *Terebellides Strœmii* etc…, le qualifient de tissu conjonctif.

Les recherches les plus importantes et spéciales, faites sur ce revêtement cellulaire de la cavité générale, sont celles de Willy Kükenthal (**33**). Tout en donnant à ce tissu le nom de « Bindegewebe », Kükenthal reconnaît qu'il est formé de cellules sphériques ou allongées, parmi lesquelles (particulièrement celles qui recouvrent les parois des vaisseaux) quelques-unes acquièrent des propriétés particulières, deviennent cellules lymphatiques, se détachent et tombent dans la cavité générale.

Kükenthal arrive d'ailleurs aux conclusions suivantes : les cellules lymphoïdes des Polychètes proviennent de cellules mères qui entourent les vaisseaux sanguins de l'organe segmentaire. Il reconnaît également la présence sur les vaisseaux, de cellules, à contenu granuleux brun, qu'il déclare être en tout comparables aux cellules chloragogènes connues chez les Oligochètes ; il appelle ces cellules « chloragogenzellen » et leur reconnaît un rôle d'excrétion. Et, tandis que chez les Oligochètes, quand les organes reproducteurs se développent et remplissent la cavité générale, les cellules lymphoïdes disparaissent seules, chez les Polychètes, les cellules lymphoïdes, aussi bien que les cellules chloragogènes diminuent (1). Comparant ensuite ses observations à celles de Cosmovici (**12**) et de Claparède (**8**) il admet que les cellules lymphoïdes et les cellules reproductrices ont la même origine, et proviennent de quelques-unes des cellules du tissu conjonctif, qui entourent les vaisseaux et tapissent la cavité générale du corps.

Sur toute la surface du diaphragme, les cellules conjonctives ont le le même aspect : vues de face elles sont polygonales, parfois allongées ou ovales ; toujours elles ont un contenu transparent, et un gros noyau habituellement situé au milieu de la cavité cellulaire. Elles sont serrées les unes contre les autres et forment souvent par leur réunion, des masses saillantes dans la cavité générale (Pl. I, fig. 32, 33, r. p.). Sur le ligament mésentérique, des cellules de même nature sont disposées à droite et à gauche, et leur forme rappelle souvent celle d'une raquette.

Par leur réunion, elles constituent des sortes de grappes ; leurs extrémités pointues sont tournées vers le ligament sur lequel elles s'insèrent, leurs extrémités libres sont renflées. Ce sont ces cellules que Cosmovici (**12**) a cru devoir signaler spécialement comme ne contenant jamais d'œufs, ni rien de semblable à des spermatozoïdes. A la surface des vaisseaux sanguins et sur les vaisseaux de gros calibre seulement (vaisseau ventral excepté), les cellules de la cavité générale sont remplies de granulations brunes. Elles ont plutôt alors une forme sphérique et ont toujours un contenu abondant: elles constituent les cellules chloragogènes.

Dans le liquide de la cavité générale, les éléments reproducteurs forment la majeure partie des corps figurés qui y sont en suspension. Outre ces produits générateurs, qui feront l'objet d'un chapitre spécial et qui donnent au liquide de la cavité générale une consistance visqueuse et une coloration spéciale, on trouve des corpuscules très petits, sphériques, hyalins, qui disparaissent sous l'action de l'éther et qui doivent être considérés comme des granulations graisseuses. Dans ce liquide du cœlôme, j'ai trouvé aussi des masses framboisées, colorées, remplies de corpuscules arrondis bruns, et quelques cellules claires incolores, presque

---

(1) Kükenthal (**33**) s'exprime en ces termes: die Production von Geschlechtsstoffen scheint daher bei Polychaeten an die ernährende Blùtflüssigkeit grössere Auforderùngen zu stellen als bei Oligochœten, in dem die secretorischen Functionen des Blùtgefasssystemes nicht sowohl für die lymphoiden Zellen als aùch für die chloragogenzellen aùfhören ùnd nùr zùr Bildùng der Geschlechtsstofe in Ansprùch genommen verden.

— 53 —

sphériques, présentant une extrémité effilée en pointe et possédant un noyau central. J'ai considéré ces cellules comme des éléments déjà décrits ci-dessus, détachés de la paroi.

Je n'ai jamais observé, soit dans la cavité générale, soit entre les muscles, les éléments lymphoïdes avec mouvements amiboïdes décrits par Kükenthal. En examinant ces éléments dans l'eau de mer, j'ai pu constater, il est vrai, des changements de forme, aussi bien sur ces cellules de la cavité générale que sur les cellules provenant des organes génitaux jeunes : des sortes de hernies hyalines se forment en effet après un certain temps de séjour dans l'eau, mais ces modifications sont dues à de simples phénomènes d'osmose et s'observent sur toutes les cellules placées dans les mêmes conditions.

Les cellules avec mouvements amiboïdes décrites par Kükenthal chez les genres *Terebella, Polymnia, Hermione, Sthenelais, Nereis, Myxicola et Aricia,* n'existent-elles pas ici ou bien sont-elles représentées par tous les éléments cellulaires de la couche péritonéale qui peuvent se détacher et tomber dans le liquide de la cavité générale ? Je ne saurais absolument l'affirmer. Chaque fois que j'ai examiné le contenu de la cavité générale du *Branchiomma* (et j'ai fait cet examen à différentes époques de l'année), j'ai toujours trouvé en suspension dans ce liquide, des éléments génitaux mâles ou femelles. Ces éléments en se développant empêchent-ils complétement le développement des cellules lymphoïdes, ainsi que Kükenthal paraît l'admettre, et ainsi que Meyer (**41**) le reconnaît aussi ? Cette hypothèse est admissible et expliquerait l'absence des cellules amiboïdes libres dans la cavité générale du *Branchiomma,* aux époques où j'ai examiné ces animaux, au bord de la mer.

Dans tous les cas, je suis porté à croire, avec les auteurs qui ont précédemment étudié cette question, que le revêtement péritonéal peut acquérir en certains points des caractères spéciaux glandulaires, mais en ce qui concerne les grappes de cellules signalées sur les parois d'un des vaisseaux de l'organe segmentaire et figurées en ml.z, Planche I, fig. 2, par Kükenthal, je puis dire que jamais je ne leur ai vu fournir ces cellules lymphoïdes chez *Branchiomma.* Des grappes de cellules existent bien en cette région, mais j'ai toujours vu ces grappes fournir des éléments sphériques, très riches en chromatine, qui tombent dans la cavité générale et donnent naissance aux produits générateurs. En consultant les planches du travail de Meyer (**41**), on pourra constater que cet auteur figure également, en cette région, des grappes bilobées qu'il appelle glandes génitales, et qu'il reconnaît, comme glandes lymphoïdes, le revêtement péritonéal du vaisseau ventral et des diaphragmes, chez *Spirographis, Chætozone et Sabellaria.* (Voir Planche 24 du travail de Meyer (**41**), fig. 9. (Br. v. et G. dr.), et Planche 23, fig. 5, fig. 9).

Enfin, les imprégnations au nitrate ou au lactate d'argent (voir Henneguy et Bolles Lee) (**24**) montrent que la cavité générale du *Branchiomma* est tapissée par un endothélium qui s'étend sur toute sa surface. Cet endothélium figuré en 43 Pl. Il, est formé de cellules à contours sinueux et paraissant ne laisser entre elles aucun vide. J'ai constaté sa présence, aussi bien sur les parois latérales du corps que sur les diaphragmes. La forme des cellules qui composent cet endothélium est d'ailleurs presque partout la même, et rappelle celle des cellules endothéliales décrites par Viallanes (**65**) chez *Lombricus* et *Arenicola*.

SYSTÈME CIRCULATOIRE

La description du système circulatoire chez les Serpuliens a été donnée par Claparède (**8**) ; le mode de circulation du sang a été décrit avec le plus grand soin par le même auteur qui, on peut le dire, a résolu le premier cette question en 1873.

Cet auteur a démontré que le système circulatoire de ces Annélides était constitué par deux troncs principaux : l'un, vaisseau ventral, l'autre, vaisseau intestinal, gaîne intestinale, entourant le tube digestif et représentant le vaisseau dorsal des autres Annélides, absent chez les Serpuliens. Ces deux vaisseaux viennent se réunir et se résoudre en un sinus péri-œsophagien. Cette découverte de Claparède, déjà pressentie par de Quatrefages, renversait les idées émises à ce sujet par bon nombre d'auteurs qui s'étaient occupés antérieurement de la question.

Depuis cette époque, les recherches faites sur différents types de la famille ont confirmé la manière de voir de Claparède : Jaquet (**26**) reconnaît chez quelques types de Serpuliens, l'absence du vaisseau dorsal ; Meyer (**41**) signale également, sur toutes les excellentes figures schématisées qui accompagnent son travail, la gaîne vasculaire péri-intestinale qu'il a retrouvée chez *Amphiglene mediterranea*. Pruvot (**49**) donne un schéma du système circulatoire et admet également l'absence du vaisseau dorsal remplacé par la gaîne péri-intestinale, et avec tous les auteurs précédents, se range à l'avis de Claparède. S'il existe un vaisseau dorsal, ce vaisseau est toujours très court, il naît du plexus péri-œsophagien, n'occupe qu'une très faible étendue de la région dorsale du tube digestif et va se ramifier dans quelques organes céphaliques.

Cosmovici (**12**) décrit cependant, chez *Myxicola infundibulum*, un vaisseau dorsal qui s'étend depuis l'œsophage jusqu'à la moitié du corps et donne naissance latéralement à des artères. Celles-ci s'anastomosent sur le tube digestif et l'entourent d'un lacis vasculaire.

Chez *Branchiomma*, le système circulatoire présente la disposition générale décrite par Claparède chez les Serpuliens.

Le plus gros vaisseau appartenant à l'appareil circulatoire est le vaisseau ventral. Il est situé, au-dessus de la chaîne nerveuse, entre celle-ci et le tube digestif, sur la ligne médiane où il est maintenu par le ligament mésentérique. Au niveau du diaphragme interannulaire, ce vaisseau donne naissance de chaque côté à un rameau qui se dirige vers le dehors, en restant appuyé sur la paroi diaphragmatique, et met en communication le vaisseau ventral avec la gaine intestinale. Ce rameau donne lui-même de nombreuses petites branches aux organes voisins (boucliers ventraux, muscles, organes segmentaires, génitaux, etc.). Les parois de ces vaisseaux latéraux sont recouvertes par des cellules chloragogènes. L'organe segmentaire présente sur une de ces parois un vaisseau (provenant de ce rameau vasculaire) entouré de cellules à granulations brunes. Les dernières ramifications de tous les vaisseaux sont excessivement ténues, les canaux sanguins se résolvent en culs-de-sac nombreux, sur la structure desquels j'aurai à revenir. Le vaisseau ventral qui donne naissance à toutes ces ramifications ou anses latérales, s'étend de la région postérieure à la région antérieure thoracique. Il se résout en un plexus péri-œsophagien formé de nombreuses branches vasculaires anastomosées.

Quant à la gaine intestinale, elle existe également chez *Branchiomma*, autour du tube digestif (V. i. Pl. 1. fig. 32). Il est toujours facile de reconnaître sur les coupes la présence de cette gaine, occupée par un coagulum sanguin. Elle est en communication, d'une part avec le plexus péri-œsophagien, d'autre part avec le vaisseau ventral, par les anses latérales anastomotiques; elle s'étend sur toute la longueur du corps de l'animal. Outre ces principaux canaux, Jaquet (**26**) a reconnu chez *Spirographis*, deux canaux sinueux qu'il a comparés aux canaux latéraux de la Sangsue et auxquels ils donnent ce nom. Ces canaux n'existent pas chez *Branchiomma*; aussi peut-il arriver que, sur certaines coupes de la région médiane d'un anneau abdominal, on ne puisse constater la présence d'autres vaisseaux que le vaisseau ventral et la gaine intestinale; les anses latérales vasculaires accolées en effet contre le diaphragme ne pourront être intéressées sur une telle coupe, dans laquelle on ne verra, en plus des deux troncs principaux, que quelques ramifications vasculaires très fines.

Dans la région thoracique antérieure, l'œsophage est entouré par un plexus vasculaire où aboutissent les vaisseaux et qui doit être traversé par tout le courant sanguin. De ce plexus, partent en avant les vaisseaux destinés à la tête, et à ses différents appendices.

Le plexus péri-œsophagien a une très faible étendue. Il a été bien vu et dessiné par Claparède chez *Spirographis*. Les vaisseaux les plus importants qui prennent naissance au niveau de ce plexus sont les vaisseaux branchiaux qui partent de la région antérieure du plexus. Ils sont au nombre de deux, un pour chaque branchie. Ces vaisseaux, chez *Branchiomma* comme chez *Spirographis*, s'engagent dans un canal creusé dans le tissu cartilagineux de la base de chaque branchie, après avoir traversé le tissu conjonctif de cette région. Ils se ramifient en canaux disposés en éventail et destinés chacun à un filament branchial. Comme on l'a déjà vu dans la description de la branchie, ce canal vasculaire est unique ; il longe l'axe cartilagineux branchial et donne naissance au niveau de chaque barbule à un petit cœcum qui suit la baguette cartilagineuse de cette barbule.

Outre ces deux gros vaisseaux, le plexus péri-œsophagien fournit trois vaisseaux plus petits : un vaisseau médian, qui occupe la face dorsale du corps (mais seulement dans l'épaisseur du premier anneau thoracique); les deux autres vaisseaux sont symétriques et disposés à droite et à gauche. Ces trois vaisseaux se ramifient à leur tour et donnent naissance aux plexus signalés déjà, dans les ampoules labiales, dans la collerette céphalique, etc...

Un schéma général du système circulatoire de la Sabelle, conforme à la description donnée par Claparède, est figuré dans les « Conférences » de M. Pruvot (**49**). Ce schéma s'applique parfaitement au *Branchiomma*.

J'ai constaté chez *Branchiomma* des mouvements rhythmiques réguliers qui donnaient alternativement au sang, une impulsion d'arrière en avant et d'avant en arrière. Sur un animal en repos et bien étalé, on voit en effet le sang affluer dans les vaisseaux branchiaux, y séjourner un temps très court et se retirer. Ces mouvements du courant sanguin sont faciles à constater, à cause du changement de coloration des filaments branchiaux, suivant que ceux-ci sont gorgés de sang ou non.

Il n'existe cependant pas d'organe particulier contractile ou cœur vrai. Je crois qu'on doit considérer comme tel, le sinus antérieur péri-œsophagien qui est entouré de fibres assez abondantes disposées autour du tube digestif en différents sens. La circulation se fait vraisemblablement, comme chez *Spirographis* et ainsi que Claparède l'a décrite.

Les ondes de contraction du sinus instestinal chassent le sang d'arrière en avant dans le plexus péri-œsophagien et les vaisseaux qui en partent : une onde de contraction en sens inverse ramène le sang au plexus. Ce sang s'engage à son tour dans les différents vaisseaux qui aboutissent au plexus, et surtout dans le vaisseau ventral et ses anses latérales. De là, il est ramené dans la gaîne péri-intestinale, après avoir perdu son oxygène, dans les différents organes qu'il a traversés. Ainsi que Claparède, j'ai constaté que sur les animaux tués par les réactifs ordinaires, la région thoracique est souvent vide de sang. Le plexus œsophagien est fortement contracté. Au contraire les vaisseaux périphériques sont gorgés de sang, accumulé surtout dans les petits cœcums, si abondants dans les différents organes.

Ces cœcums vasculaires ne sont d'ailleurs faciles à découvrir sur les coupes que grâce à ce coagulum sanguin.

Les imprégnations à l'argent peuvent seules faire apparaître les contours des cellules qui recouvrent les cœcums.

Ces imprégnations ont été faites par différents procédés : ou bien avec le nitrate d'argent, après séjour des animaux dans de l'eau contenant en dissolution du sulfate de soude, dans laquelle ils peuvent vivre pendant un certain temps, ou bien avec le lactate acide d'argent. (Méthode d'Alférow) (1). J'ai figuré Pl. II. fig. 42, deux de ces petits vaisseaux, montrant leur revêtement cellulaire (2) après l'action de l'argent. Ici encore, ainsi qu'on le verra, j'ai à signaler la présence de ces petits cercles incolores limités par une bordure noire, vu bon nombre de fois déjà, appelés stomates et attribués parfois (Ranvier) (**55**) à des globules de matières albuminoïdes.

Il me reste en terminant l'étude du système circulatoire à dire quelques mots de la structure des vaisseaux.

Le vaisseau ventral du *Spirographis* a été bien décrit par Claparède ; la même structure s'observe chez *Branchiomma*, avec cette seule différence, que les cellules chloragogènes n'existent pas sur le vaisseau ventral de ce dernier genre. Les cellules épithéliales qui bordent la cavité

---

(1) Voir pour ces différents procédés Henneguy et Bolles Lee (**24**).

(2) M. Jourdan a décrit chez *Siphonostoma* (**29**), des contours de cellules semblables à ceux que je retrouve chez *Branchiomma* et s'est demandé s'ils appartenaient à un revêtement interne ou externe. Il admet qu'ils sont externes et que l'endothélium vasculaire manque ou du moins que sa présence est douteuse. Je crois également que le revêtement est extérieur au vaisseau.

du vaisseau sont pourvues d'un noyau volumineux. Tous les noyaux sont situés vers le bord interne des éléments épithéliaux, et semblent ainsi tapisser la lumière du canal sanguin. A cette première lame interne épithéliale fait suite une couche de fibres musculaires annulaires sur laquelle repose directement le revêtement péritonéal de la cavité générale.

Les anses vasculaires latérales qui réunissent le canal ventral au sinus péri-intestinal, sont construites comme le vaisseau ventral : seulement, elles sont recouvertes, non plus par les cellules simples du revêtement péritonéal, mais par des cellules remplies de granulations brunes, vraies cellules chloragogènes.

ORGANES SEGMENTAIRES.

Chez les Annélides errantes, tous les auteurs ont reconnu, dans chaque anneau du corps, la présence d'une paire de pavillons ciliés, s'ouvrant librement dans la cavité générale et communiquant par un canal avec l'extérieur ; ce sont les organes segmentaires. Chez les Annélides Tubicoles, ces pavillons segmentaires simples n'existent que dans la région abdominale, alors que dans la région thoracique on trouve de chaque côté du tube digestif des organes spéciaux, appelés tour à tour : glandes tubipares, glandes répugnatoires, glandes pigmentées péri-œsophagiennes, glandes salivaires, glandes hépatiques, glandes génitales et corps de Bojanus.

Milne Edwards (**42**), Ehrenberg (**15**), Grübe (**22**), Leydig (**34**), Haswell (**23**), les ont signalés chez *Sabella*, *Arenicola*, *Terebella*, *Amphicora*, *Protula*, *Salmacina*, etc. Claparède (**8**) donne leur description exacte, reconnaît qu'ils s'ouvrent dans la cavité générale, et leur accorde le nom de « glandes tubipares » parce qu'il croyait avoir vu le tube protecteur de l'animal se former aux dépens de ces glandes. Cette façon de voir a été admise par M. Macé (**37**) dans l'étude du tube des Sabelles. Cosmovici (**12**) reconnaît à ces glandes un rôle excréteur, admet qu'elles ne sécrètent pas le tube, et les compare au corps de Bojanus des autres Annélides. Cosmovici dit également que ces glandes s'ouvrent de chaque côté par un pore propre à chacune d'elles, mais leur refuse une ouverture libre dans la cavité générale. Pruvot (**48**) sans leur donner de nom, signale la présence de ces organes, et tient pour certain que ces glandes sont formées par deux sacs enchevétrés, chacun ayant un conduit excréteur distinct : l'un s'ouvre en dehors du premier segment ; l'autre, après avoir contourné le muscle branchial, va s'ouvrir sur la ligne médiane dorsale, par un orifice qui lui est commun avec son congénère du côté opposé.

En septembre 1887, Meyer (**11**), dans son remarquable mémoire sur la structure du corps des Annélides, décrit deux sortes d'organes excréteurs : les « organes excréteurs thoraciques » et les « tubes génitaux ». Les premiers correspondent aux masses glandulaires péri-œsophagiennes, les seconds, aux organes segmentaires abdominaux, devenus organes évacuateurs des produits génitaux. Meyer donne également à ces différents organes les noms de reins postérieurs et reins thoraciques, « Thoracal nieren », « Nephridien hinteren ». Il reconnaît que les organes thoraciques, formés de tubes enlacés, s'ouvrent dans la cavité générale, dans le premier anneau ou segment antérieur buccal, et cela par un entonnoir vibratile appartenant au premier dissépiment. De plus, il décrit deux longs canaux pigmentés qu'il désigne sous le nom de « tubes néphridiens » et qui viennent se réunir sur la région médiane dorsale. Le canal unique résultant de la fusion de ces tubes de chaque côté, s'ouvre au dehors sur une papille située en avant et au-dessus du cerveau.

Quant aux tubes génitaux, Meyer les décrit comme de grands entonnoirs à cils vibratiles, destinés à recevoir les produits génitaux, entonnoirs qui se continuent par un canal plus ou moins long. Ce canal vient s'ouvrir au dehors, en avant et au-dessous d'un parapode, par un pore simple situé sur le côté ventral de l'animal.

J'ai retrouvé ces deux sortes d'organes et les décrirai successivement.

ORGANES SEGMENTAIRES THORACIQUES. — Ces organes chez *Branchiomma* occupent tout l'espace compris entre le tube digestif et les parois du corps dans le premier et le deuxième anneau. Je ferai remarquer de suite, que leur développement est ici moins grand que chez certains genres voisins étudiés par Meyer ; chez le *Spirographis Spallanzanii* en particulier, les organes segmentaires thoraciques s'étendent dans tous les anneaux du thorax, et envoient des lobes assez volumineux dans chaque segment jusque dans les cavités des rames sétigères ; ces organes occupent aussi plus de deux anneaux chez *Chætozone setosa* et *Myxicola infundibulum*.

Chez *Br. de l'Étang de Thau*, ces organes sont formés par l'enchevêtrement des deux tubes. Sur les coupes longitudinales ou transversales (Planche I et II ; fig. : 20, 21, 31, 38, 39, 40), ces tubes présentent en leur milieu une lumière très large limitée par des éléments épithéliaux. Ils font de nombreuses circonvolutions; aussi, en coupe, aperçoit-on les sections de ces tubes différemment orientées.

L'une des extrémités de ces tubes est ouverte, elle porte de longs cils vibratiles et constitue en s'élargissant un véritable entonnoir cilié qui s'ouvre dans la cavité du premier segment. Cette ouverture a échappé complètement, chez d'autres espèces, aux recherches de bon nombre d'observateurs : Claparède et Meyer seuls l'ont aperçue. Quant à l'autre extrémité des tubes néphridiens, elle joue le rôle de canal excréteur ; après un trajet très sinueux dans la cavité générale, elle contourne le faisceau musculaire longitudinal, passe entre les divers éléments de la paroi du corps, et vient se réunir sur la ligne médiane avec l'extrémité du tube de l'autre côté. Ces canaux ainsi réunis, forment un conduit médian dorsal, qui vient s'ouvrir sur une papille proéminente, entre la base des branchies.

A la surface des tubes qui forment ces masses segmentaires antérieures on reconnaît de nombreux noyaux distribués irrégulièrement, et appartenant à la membrane péritonéale qui s'étend sur leurs parois externes. Quelques vaisseaux sont distribués dans le voisinage de ces organes : ils proviennent de quelques fines ramifications du sinus peri-œsophagien.

Les parois des tubes néphridiens sont tapissées par un épithélium à cellules aplaties, à contenu granuleux et glandulaire. Les extrémités des cellules (Pl. I, fig. 21) qui bordent la cavité des tubes, sont beaucoup plus claires que les régions profondes de ces cellules. Celles-ci sont toutes plongées par leur base dans une substance amorphe, colorable par les réactifs, au sein de laquelle il est difficile de distinguer les limites cellulaires. Un gros noyau arrondi est situé généralement vers le milieu de chaque cellule épithéliale, au point où les régions claire et compacte se réunissent. Dans la région des entonnoirs et des conduits excréteurs, les cellules épithéliales sont aplaties et portent des cils vibratiles. Des granulations pigmentaires se rencontrent dans quelques-unes des cellules de cet épithélium surtout dans la branche des conduits excréteurs et du conduit unique médian dorsal. Les rapports de l'épithélium cilié de l'entonnoir, vers l'intérieur, avec la couche des cellules excrétrices des tubes, sont tels qu'ils ont été décrits par Meyer : le passage de l'un à l'autre de ces tissus se fait graduellement.

Je n'ai jamais vu d'éléments musculaires spéciaux en rapport avec les tubes néphridiens thoraciques. Je puis confirmer en cela, les observations de Meyer, qui n'a découvert nulle part les muscles des néphridies antérieures indiquées par Haswell (**23**). Le canal excréteur unique commun aux deux masses glandulaires est entouré, vers son point de sortie, par quelques fibres musculaires ; c'est cette couche de fibres que Meyer a considéré comme un véritable sphincter.

Organes segmentaires abdominaux. — Ces organes segmentaires ont la forme habituelle déjà décrite, c'est-à-dire celle d'un pavillon en entonnoir cilié, auquel fait suite un tube plus étroit, qui traverse les téguments et vient s'ouvrir au dehors.

Les pores d'ouverture de ces organes sont situés, ainsi que chez les autres espèces, sur les côtés de l'animal, au-dessous des parapodes et sur la face ventrale. Ils sont difficilement visibles à l'œil nu. Ces entonnoirs vibratiles, sont placés immédiatement contre le diaphragme et au-dessous de celui-ci. Chacun d'eux est limité par deux lèvres ciliées, qui s'écartent l'une de l'autre au fur et à mesure qu'elles s'approchent de l'axe médian du corps, ou mieux qu'elles s'avancent dans la cavité générale. Ces entonnoirs dont la forme rappelle celle d'un cône, s'ouvrent librement dans la cavité générale. Ils ont été décrits par beaucoup d'auteurs chez des genres voisins, et on sait que les lèvres de ces organes peuvent se rapprocher ou s'éloigner l'une de l'autre, suivant que l'animal est en contraction ou en extension. Le volume de ces organes est peu considérable. Leurs parois sont très délicates, aussi la dissection seule est-elle absolument insuffisante pour leur étude. Les coupes, montrent chez *Branchiomma* que les extrémités libres des pavillons segmentaires s'avancent jusqu'aux 2/3 de la cavité générale. Les lèvres de ces pavillons sont placées entre les faces internes des muscles longitudinaux dorsaux et ventraux. Leur cavité est toujours occupée par des éléments génitaux.

L'épithélium interne de ces entonnoirs est cilié, ainsi que celui du tube excréteur qui leur fait suite, mais les cellules épithéliales ne sont pas glandulaires.

A la surface externe de l'organe, se trouvent les cellules déjà décrites et qui forment le revêtement péritonéal de la cavité générale. Un vaisseau sanguin, entouré de cellules chloragogènes est accolé contre la paroi postérieure du pavillon segmentaire. Quant au tube excréteur, il porte parfois un épithélium avec granulations pigmentaires, il est assez court, et non pelotonné sur lui-même, comme dans certaines espèces. Il s'ouvre au dehors, après avoir traversé les téguments ; le pore d'ouverture est situé au-dessus d'un diaphragme, le pavillon cilié correspondant étant au-dessous de ce même diaphragme. L'ouverture extérieure de ce tube porte de nombreux cils, constamment en mouvement ; ses cellules de bordure sont pigmentées. Les éléments génitaux libres dans la cavité générale sont expulsés par ces organes qui deviennent évidemment des organes annexés aux glandes génitales et que Meyer a très justement appelés « tubes génitaux. »

Ces derniers organes segmentaires abdominaux sont construits sur les types connus ; leur présence dans chaque anneau du corps et leur structure ne donnent lieu à aucune discussion.

Mais, il n'en est pas de même pour les organes thoraciques, et on peut se demander quelle est la signification morphologique de ces singuliers organes.

Ces reins thoraciques sont des formations qui paraissent spéciales aux Annélides sédentaires ; ils ont été décrits chez un assez grand nombre de formes, pour qu'on puisse supposer qu'ils existent dans tout le groupe : ils constituent même un caractère de l'organisation de ces Annélides. Mais si leur présence est un fait constant, leur forme, leur caractère et leur extension dans quelques anneaux du corps, sont susceptibles de variations qui ont quelque importance.

Chez *Amphitrite, Chætozone, Spirographis, Myxicola*, Meyer (**41**) a reconnu que ces organes occupent presque toute la région thoracique et envoient des lobes dans chaque segment. Dans *Sabellaria*, les reins thoraciques s'étendent dans quatre anneaux ; dans *Psygmobranchus, Amphiglene*, ils n'occupent que deux anneaux. C'est également le cas chez *Branchiomma*, ainsi que nous l'avons vu.

Quelle est la valeur morphologique de ces organes ? En l'absence de données embryologiques précises, il est difficile de répondre à cette question. L'organisation générale des Annélides est cependant connue suffisamment pour qu'on puisse admettre que les organes glandulaires thoraciques des Tubicoles sont des organes segmentaires modifiés.

En effet, si l'on considère d'une part, que chez toutes les Annélides, les organes segmentaires existent typiquement dans tous les anneaux du corps, que chez les Tubicoles la présence de ces organes n'est constatée que dans la région abdominale (alors qu'ils manquent dans la région thoracique); d'autre part, que dans cette région thoracique des Tubicoles, se trouvent des organes spéciaux glandulaires (s'ouvrant à la fois dans la cavité générale et au dehors); si de plus, on se rappelle que dans certains cas, ces organes occupent, dans la région antérieure, plusieurs anneaux du corps et envoient un lobe dans chacun de ces anneaux, on aura réuni un certain nombre de preuves qui rendent vraisemblable cette interprétation.

J'ajouterai de plus à ces considérations, un argument qui m'est suggéré par l'organisation du *Branchiomma*.

Si les organes thoraciques avaient fait leur apparition d'emblée dans le groupe des Tubicoles, ils auraient conservé une forme constante dans tous les représentants du groupe, ce qui n'a pas lieu. Au contraire, si nous admettons qu'ils sont des organes segmentaires modifiés, cette hypothèse nous rend compte des changements qui peuvent continuer à se faire dans les organes déjà différenciés, en tant que reins antérieurs thoraciques, et permet de comprendre pourquoi les dispositions de ces organes sont différentes, chez des genres voisins. Alors, en effet, que chez *Spirographis, Sabellaria,* etc..., ces organes occupent quelques anneaux du corps, chez d'autres genres, et en particulier chez *Branchiomma,* ils ont subi une réduction considérable.

Il y aurait peut-être lieu de rattacher l'origine de ces organes à une persistance, dans la région thoracique antérieure, du canal longitudinal qui, dans les embryons d'Annélides, relie comme on sait, les organes segmentaires. Il est à remarquer d'ailleurs que chez certains Tubicoles, on connaît des exemples de cette persistance du canal de réunion des organes segmentaires, chez l'adulte : Meyer (**41**) signale en effet une disposition de ce genre chez *Lanice* et *Polymnia* où ce canal longitudinal persiste dans la région thoracique et dans la région abdominale.

Au lieu de huit paires d'organes indépendants, un pour chaque anneau, la région thoracique renfermerait alors une paire unique d'organes, formés chacun de huits portions ou lobes morphologiquement distincts, mais qui tendent à se fusionner et à se confondre en une masse unique.

L'étude embryologique de ces organes fournira bien certainement des renseignements très importants sur la signification de ces glandes. La seule hypothèse, admissible en ce moment, est l'homologie des reins thoraciques avec les organes segmentaires, homologie faite déjà par d'autres auteurs.

Il ne serait pas étonnant de voir, par suite d'une condensation embryogénique, les organes thoraciques des Tubicoles apparaître sous forme d'une ébauche unique et non pas d'ébauches distinctes pour chaque lobe segmentaire.

On ne peut guère chercher à rapprocher ces reins des Tubicoles d'autres organes (qui ont avec ceux-ci des ressemblances lointaines), tels que les organes segmentaires des Géphyriens par exemple. Si en effet les reins thoraciques des Tubicoles ont quelques analogies avec les organes segmentaires des Géphyriens, il ne faut pas perdre de vue que ces derniers sont des Annélides Oligomères, et que chacun de leurs organes segmentaires appartient à un seul anneau ; chez les Tubicoles au contraire, les tubes des reins thoraciques ont pris la place d'une série d'organes segmentaires.

ORGANES GÉNITAUX

Les sexes sont séparés chez *Branchiomma*. Les mâles et les femelles sont de même taille, et possèdent les mêmes caractères extérieurs, sauf en ce qui concerne la couleur du corps, ainsi que je l'ai déjà dit, dans la description générale de l'animal. La couleur d'un blanc laiteux ou d'un gris rosé permet de distinguer à première vue, un mâle d'une femelle.

La méthode des coupes seules, permet l'étude des glandes génitales, qui sont toujours très petites et presque imperceptibles à l'œil nu.

Le liquide de la cavité générale contient toujours en suspension des éléments génitaux détachés de la glande mâle ou femelle ; ces éléments sont constitués de la façon suivante.

Organes males. — Au sein du liquide de la cavité générale, se trouvent des corps figurés Planche I, fig. 8, très riches en nucléine. Ils se présentent sous l'aspect de petites masses sphériques, libres, isolées, souvent aussi réunies par deux. Examinés dans l'eau de mer, ces éléments paraissent incolores et les granulations qu'ils contiennent sont peu apparentes. Mis en contact avec une solution de violet de gentiane dans cette eau de mer, ils absorbent rapidement la matière colorante qui se fixe plus spécialement sur les granulations nucléaires.

Ces cellules riches en chromatine ont pris naissance sur les parois d'un vaisseau, dans le voisinage de l'organe segmentaire et du diaphragme, et à la face postérieure de celui-ci.

A ce niveau, en effet, il existe une masse assez volumineuse formée par des cellules pourvues d'une mince membrane, devenues polygonales par pression réciproque et contenant des granulations nucléaires qui occupent toute leur cavité.

Elles sont de plus en plus grosses, au fur et à mesure qu'elles sont plus éloignées du diaphragme. Elles naissent aux dépens de la couche cellulaire péritonéale et, par leur réunion, forment un véritable testicule.

Chaque anneau possède deux testicules, un de chaque côté, situé au-dessous du diaphragme. Ce testicule est bilobé et les cellules qui s'en détachent ne sont autres que les cellules mères des spermatozoïdes.

N'ayant pu faire que deux séjours au bord de la mer pendant les mois d'août, septembre et avril, malgré les envois que j'ai reçus à la Faculté des sciences de Nancy, il ne m'a pas été possible de suivre complètement le développement des spermatozoïdes. Aussi, je n'ai pas l'intention dans ce qui va suivre, de faire de la spermatogénèse: je décrirai seulement la forme et les rapports des spermatozoïdes entre eux, à ces différentes époques.

Je n'ai jamais rencontré les amas de spermatozoïdes figurés par nombre d'auteurs chez d'autres espèces, et dans lesquels la région centrale est occupée par le cytophore, alors que les queues sont disposées radialement. Chez *Branchiomma* je n'ai jamais vu plus de quatre spermatozoïdes réunis par leurs têtes (Pl. 1, fig. 6) : trois de celles-ci sont situées sur un même plan, la quatrième est placée au-dessus des trois autres.

Lorsque les éléments spermatiques sont complétement libres et isolés dans la cavité générale, ils sont animés de mouvements rapides, mouvements qui persistent pendant plusieurs heures, après leur expulsion dans l'eau de mer. Ils sont constitués par une masse supérieure ou tête et par un appendice postérieur très long ou queue.

La tête est ovale, on peut y distinguer trois régions (Pl. 1, fig. 7). Vers l'extrémité opposée au point d'insertion de la queue, se trouve une masse réfringente ovale. Le corps central de la tête est protoplasmique. La queue est entourée à son origine par quatre petits corpuscules très riches en chromatine. Traités par le violet de gentiane aqueux, ce sont les quatre petits noyaux inférieurs qui se colorent le plus fortement, ainsi que la masse ovale antérieure. La masse centrale et la queue ont un faible pouvoir absorbant.

Faut-il rapprocher ces éléments mâles des spermatozoïdes d'aspect analogue qui ont été décrits autrefois par Max Brünn (**2**) chez *Paludina vivipara*, et qui n'étaient pas arrivés à leur complet développement? En d'autres termes, ces spermatozoïdes du *Branchiomma* subissent-ils encore des transformations, ou sont-ils à leur état complet de maturité? Des études spéciales de spermatogénèse pourront seules le démontrer. C'est au printemps et dans le courant de l'été que j'ai examiné ces éléments. Ils étaient sur le point d'être expulsés, puisqu'une grande partie de ces spermatozoïdes étaient libres dans la cavité de l'organe segmentaire. Dans l'eau de mer, je ne leur ai vu subir aucune modification ; mais ce qui me porterait à croire qu'ils ne sont pas complétement mûrs, c'est que les essais de fécondation artificielle que j'ai faits, sont toujours restés infructueux. Deux fois seulement, je crois avoir vu pénétrer un spermatozoïde dans l'œuf, mais les phénomènes de segmentation ne se sont pas produits.

9

Organes femelles. — Les glandes génitales femelles sont, au début de leur formation, tout à fait comparables aux glandes mâles. Elles ont la même situation, le même aspect.

Les éléments génitaux femelles forment une grappe bilobée fixée au diaphragme dans le voisinage de l'organe segmentaire. Les plus jeunes cellules femelles sont celles qui sont le plus rapprochées du diaphragme. Elles sont, comme toujours, très riches en chromatine, et serrées les unes contre les autres, elles présentent des contours polygonaux.

A la périphérie de la glande, une mince membrane enveloppe chacune des cellules génitales qui, devenues plus grosses, se détachent et flottent dans la cavité générale où elles achèvent leur développement. A ce moment encore, la cellule femelle ressemble beaucoup à la cellule mâle détachée du testicule. (Pl. I, fig. 9, Pl. II, fig. 44, 45, g.g.).

Chacune des cellules ainsi détachée de l'ovaire, va devenir un œuf. On trouve dans la cavité générale, des œufs à tous les degrés de développement.

Complétement développé, l'œuf du *Branchiomma* est construit comme ceux des autres Annélides, et n'offre rien de bien particulier : une membrane d'enveloppe entoure une masse sphérique protoplasmique remplie de granulations vitellines. La vésicule germinative porte en son centre une tache germinative qui, sur beaucoup d'œufs, est double et présente l'aspect figuré Planche I, fig. 25 et 26.

Lorsqu'ils remplissent la cavité générale, les œufs sont souvent comprimés et ont alors des contours plus ou moins irrégulièrement polygonaux. Ils sont expulsés sous forme de poussière grise. Dès leur sortie du corps, ils redeviennent sphériques. Je n'ai jamais assisté à la ponte naturelle du *Branchiomma*, mais j'ai constaté la présence des œufs et des spermatozoïdes dans les pavillons de l'organe segmentaire, et j'ai pu faire sortir ces produits génitaux par les pores d'ouverture de ces organes, en exerçant une légère pression sur les parois du corps.

Nancy, juin 1888.

C. BRUNOTTE.

INDEX BIBLIOGRAPHIQUE

BOURNE (**1**). — Contribution to the Anatomy of the *Hirudinea* (Quarterly Journal of microscopical science), 1884. (New series no 95).

BRÜNN (**2**). — Untersuchungen über die doppelte Form der Samenkörper von *Paludina vivipara*. (Archiv. f. microsc. Anat. von Schültze T. 23), 1884.

BRUNOTTE (**3**). — Recherches sur la structure de l'œil du *Branchiomma*. (Comptes rendus Académie des Sciences, 23 janvier 1888).

CARRIÈRE (**4**). — Die Sehorgane der Thiere : München und Leipzig, 1885.

CARUS (**5**). — Prodromus faunæ Mediterraneæ. Stuttgart, 1884.

CHATIN (**6**). — Contribution à l'étude du bâtonnet optique chez les Vers. (Annales des Sciences naturelles. Zoologie ; Série 6. T. 8). 1878.

CLAPARÈDE (**7**). — Annélides chétopodes du Golfe de Naples. Genève 1868. Supplément 1870.

CLAPARÈDE (**8**). — Recherches sur la structure des Annélides sédentaires. Genève 1873

CLAPARÈDE (**9**). — Glanures zootomiques parmi les Annélides de Port-Vendres. (Mémoires de la société de Physique et d'Histoire naturelle de Genève. T. 18). 1864.

CLAPARÈDE (**10**). — Untersuchungen über den Regenwurm. (Zeitschrifft f. wiss. Zool. Bd. 19). 1869.

CLAUSS (**11**). — Traité de zoologie. Traduit par Moquin-Tandon. Paris 1884.

COSMOVICI (**12**). — Glandes génitales et organes segmentaires des Annélides Polychètes. (Archiv. de zoologie expérimentale. T. 8). 1879.

CUNNINGHAM (**13**). — On some points in the Anatomy of Polychæta (The Quarterly Journal of microscop. science). 1887.

EHLERS (**14**). — Die Borstenwürmer. (Annelida chætopoda) Leipzig 1864.

EHRENBERG (**15**). — *Amphicora Sabella*. In Mith. Verh. Ges. Nat. Freunde. Berlin (1836). Analyse dans Meyer (no 41).

Eisig (**16**). — Die Segmentalorgane der Capitelliden — die Seitenorgane und becherförmige. (In Mith. Zool. Neapel Bd). 1878.

Eisig (**17**). — Monographie der Capitelliden. (Fauna und Flora des Golfes von Neapel) 1887.

Emery (**18**). — La régénération des segments postérieurs du corps chez quelques Annélides Polychètes. (Archiv. biolog. Italie. T. 7). 1886.

Fraipont (**19**). — Monographie du genre *Polygordius*. (Fauna und Flora Golf. Neapel). 1887.

Graber (**20**). — Untersuchungen über die Augen der freilebenden marinen Borstenwürmer. (Archiv. für micros. Anat. Bd. 17). 1880.

Grenacher (**21**) Untersuchungen über die Sehorgane der Arthropoden. Göttingen 1879.

Grübe (**22**). — Zur Anatomie und Physiologie der Kiemenwürmer. Kœnigsberg 1838.

Haswell (**23**). — The marine Annelides of the order Serpulea. (Proc. Linn. soc. N. S. Wales. Vol. 9). 1885.

Henneguy et Bolles Lee (**24**). — Traité de l'anatomie microscopique. Paris 1887.

Jacobi (**25**). — Anatomische-histologische Untersuchung der Polydoren der Kiel Bucht. Weissenfels 1883.

Jaquet (**26**). — Recherches sur le système vasculaire des Annélides. (Mitheil. Zool. Neapel. Bd. 6). 1885.

Jourdan (**27**). — Etude histologique sur deux espèces du genre *Eunice*. (Annales sciences naturelles, Zool. 7me série, T. 2. 1887.

Jourdan (**28**) -- De la structure des otocystes de *Arenicola Grubii*. (Comptes rendus Académie des Sciences, T. 98).

Jourdan (**29**). — Etude anatomique sur le *Siphonostoma diplochatos*. (Annales du musée de Marseille. T. 3), 1887.

Keferstein (**30**). — Untersuchungen über niedere Seethiere, (Zeitschrift für Wissench. Zoologie, Bd. 12), 1863.

Kingsley (**31**). — The development of the compound eyes of *Crangon*. (Journal of morphology). Boston 1887.

Kölliker (**32**). — Uber Kopfkiemen mit Augen an den Kiemen. (Zeitschrift. f. Wiss. Zoolog. Bd. 9). 1858.

Kükenthal (**33**). — Die lymphoïden Zellen der Anneliden. (Jenaische Zeitschrift. f. Naturwiss. Bd. 18). 1885.

Leydig. — (**34**). — Ueber *Phreoryctes Menkeanus*. (Arch. f. microsc. Anat. Bd. I). 1865.

Leunis (**35**). — Synopsis der Thierkunde. Hannover. 1886.

Lowne (**36**). — On the compound vision and the morphology of the Eye in insects. (The Transact. of. Linn. soc. of. London). 1884.

Macé (**37**). — Structure du tube de la Sabelle. (Arch. Zool. expérim. T. 10). 1882.

Marion (**38**). — Considérations sur les Faunes profondes de la Méditerranée, (Annales du Musée de Marseille. T. I). 1883.

Marion et Bobretsky (**39**). — Etudes sur les Annélides du Golfe de Marseille. (Ann. Scienc. naturelles, T. II). 1875.

Mau (**40**). — Beitrage zur Kenntniss der Anatomie und Histologie der Anneliden ueber *Scoloplos armiger*. (Zeit. f. wiss, Zoologie Bd. 36). 1881.

Meyer (**41**). — Studien der Körperbau der Anneliden. (Mitheil. aus der Zool. Station zu Neapel. Bd. 7). 1887.

Milne Edwards (**42**). — Recherches pour servir à la circulation du sang chez les Annélides, (Ann. sciences naturelles. T. 10). 1838.

Oerley (**43**). — Die Kiemen der Serpulaceen und ihre morphologische Bedeutung (Mitheil. Zool. Stat. z. Neapel. Bd. 5). 1884.

Oerley (**44**). — Ueber die Athmung der Serpulaceen im Allgemeinen mit besonderer Rücksicht auf den Werth ihrer Hautpigmente. (Temeszetr. Füzet, Bd. 8). Analyse dans Journal microscop. society. 1885.

Patten (**45**). — Eyes of. Molluscs and Arthropods (Mitheil. a. d. Zoolog. Stat. z. Neapel Bd. 6). 1886.

Perrier (**46**). — Recherches pour servir à l'histoire des Lombriciens terrestres. (Nouvelles Archives du Muséum T. 8). 1872.

Pogojeff (**47**). — Ueber die feinere Structur der Geruchsorgane des Neunauges. (Arch. f. microsc. Anat. Bd. 31). 1887.

Pruvot (**48**). — Recherches anatomiques et morphologiques sur le système nerveux des Annélides Polychètes. (Arch. Zoolog. expérim. 2e série, T. 3). 1885.

Pruvot (**49**). — Conférences de zoologie à la Faculté des Sciences de Paris, année 1885-86.

De Quatrefages (**50**). — Etudes sur les types inférieurs de l'embranchement des Annelés. (Annales des sciences naturelles, T. 13, 3e série). 1850.

De Quatrefages (**51**). — Mémoire sur les organes des sens chez les Annélides. (Annales des sciences naturelles, T. 13, 3e série). 1850.

De Quatrefages (**52**). — Mémoires sur la cavité du corps des Invertébrés. (Annales des sciences naturelles, T. 14, 3e série). 1850.

De Quatrefaces (**53**). — Histoire naturelle des Annélides (Paris 1865). (Suites à Buffon).

De Quatrefages (**54**). — Note sur la disposition des couches musculaires chez les Annélides. (Ann. des sciences naturelles. T. 11, 5e série). 1869.

Ranvier (**55**). — Traité technique d'histologie. Paris 1875 à 1888.

Rietsch (**56**). — Etude sur le *Sternaspis scutata*. (Thèse de l'Ecole supérieure de pharmacie de Paris). 1882.

Rohde (**57**). — Die Musculatur der Chætopoden (Zoologische Beiträge). Bd. 1. Breslau 1885.

Rohde (**58**). — Histologische Untersuchungen über das Nervensystem der Chætopoden (Zoolog. Beiträge : Bd. 2 Breslau). 1887.

Schack (**59**). — Anatomische histologische Untersuchung. von *Nephthys cœca*, aus dem Zoolog. Instit. z. Kiel. 1886.

Soulier (**60**). — Sur la formation du tube chez quelques Annélides tubicoles. (Comptes rendus de l'Académie des Sciences). 13 février 1888.

Spengel (**61**). — *Otignathus Bonelliæ*. (In Mitheil, a. d. Zoolog. Stat. z. Neapel Bd. 3). 1882.

Stannius (**62**). — Bemerkungen zur Anatomie und Physiologie der *Arenicola piscatorum*. (Arch. f. Anat. u. Phys). 1840.

Steen (**63**). — Anatomische histologische Untersuchung von *Terebellider Stræmii* Jenaische Zeitschrift. 1883.

Vejdowsky (**64**). — Untersuchungen über die Anatomie, Physiologie, und Entwicklung von *Sternaspis*. Denkschrift. d. Math. Natur. Classe d. Kaiserl. Acad. d. Wissenchaften, Bd. 43 1881.

Viallanes (**65**). Sur l'endothélium de la cavité générale de l'Arénicole et du Lombric. (Annales sciences naturelles. zoologie. 6e série, T. 20), 1885.

Viallanes (**66**). — Sur la structure du squelette branchial de la Sabelle. (Annales sciences naturelles, zoologie. 6º série T. 20), 1885.

Villams (**67**). — Researches on the structure and homology of the reproductive organs of the Annelids. (Philosoph. Trans. Vol. 148). 1857.

Wiren (**68**). — Om circulations och digestions-organen hos Anneliderna af familjerna Amphiaretidæ, Terebellidæ och Amphictenidæ. (Swenska Akad. Handl. Bd. 21). 1885.

Vogt et Yung (**69**). — Traité d'anatomie comparée pratique. En publication. Paris.

EXPLICATION DES PLANCHES (1)

Lettres communes à toutes les figures.

Br. filaments branchiaux.
br. barbules branchiales.
bt. bâtonnet.
B.v. boucliers ventraux.
C. Cuticule. .
Ca. Cellules cartilagineuses.
C.c. Collerette céphalique.
Cd.n. Cordon nerveux.
Chl. Cellules chloragogènes.
Cl.p. Cellules péritonéales.
Cl.n. Cellules nerveuses.
Cm. Commissure nerveuse.
Cr. Cristallin.
D. Diaphragme.
En. Endothélium.
Ep. Epithélium.
Ep.ci. Epithélium cilié.
Ep.gl. Epithélium glandulaire.
Ep.pg. Epithélium pigmentaire.
Ex. Canal excréteur des organes segmentaires.
f.g. fibres tubulaires géantes.
f.m. fibres musculaires.
f.n. fibres nerveuses.
g.g. glandes génitales.
g.œ. ganglions sus-œsophagiens.
g.l. ganglions latéraux du cerveau.

l. lobes dorsaux antérieurs.
lg. ligament mésentérique.
lp. lame de périchondre.
M.a. Muscles annulaires.
M.l. Muscles longitudinaux.
N. nerfs.
n. noyaux.
O. yeux.
Œ. Œufs.
Oth. Otolithes.
pg. Cellules à pigment.
r.p. revêtement péritonéal.
s. Soies allongées.
S.c. Sillon copragogue.
Sg.th. Organes segmentaires thoraciques.
Sg.ab. Organes segmentaires abdominaux.
Sp. Spermatozoïdes.
T. Tube digestif.
th. Thorax.
u. soies en forme de crochets.
v. cœcums vasculaires.
V.Br. Vaisseau branchial.
V.i. gaîne vasculaire intestinale.
V.g. vésicule germinative.
v.l. anses vasculaires latérales.
V.v. Vaisseau ventral.

---

(1) Les fig. 1 et de 36 à 40 ont été dessinées par M. Kœhler que je remercie vivement.

PLANCHE 1.

Fig. 1. — *Branchiomma de l'Étang de Thau*, dessiné grandeur naturelle et vu par la face ventrale.

Br. branchies étalées et portant à chaque extrémité un point oculaire O. — f.f. filaments branchiaux toujours droits portant un œil beaucoup plus gros que les filaments branchiaux recourbés. — C.c. collerette céphalique avec ses lobes ventraux et latéraux. — th. région thoracique avec ses rames plus blanches r.u. de soies à crochets, et les rames dorsales de soies longues r.s. — Dans la région abdominale, les rames r.s. sont ventrales; les rames de soies à crochets sont dorsales et invisibles dans ce dessin. — S.c. sillon copragogue passant par une seule branche, sur le côté dorsal au niveau du thorax.

Fig. 2. — Extrémité antérieure du *Branchiomma*, vue par la face dorsale. Sur ce dessin, les branchies ont été coupées. — S.c. gouttière dorsale thoracique, continuant sur cette face le sillon copragogue. (Grandeur naturelle).

Fig. 3. — Extrémité antérieure du *Branchiomma*, vue par la face dorsale et après ablation complète des branchies. Les lobes de la collerette céphalique et les lobes dorsaux l.l. circonscrivent un espace au milieu duquel on distingue les ampoules labiales a.l. et la fente buccale. (Grandeur naturelle).

Fig. 4. — Extrémités libres de deux soies détachées. (G = 140).

Fig. 5. — Une soie en crochet. Coupe longitudinale d'une rame, montrant les muscles rétracteurs de la soie. (G = 140).

Fig. 6. — Masse de quatre spermatozoïdes réunis par le sommet de leur région céphalique. (G = 500).

Fig. 7. — Spermatozoïdes isolés avec les quatre corpuscules chromatiques de leur région postérieure. Les uns vus en dessous montrent ces quatre corpuscules, les autres vus de profil, n'en laissent apercevoir que deux. (G = 670).

Fig. 8. — Cellules détachées des glandes génitales, flottant dans le liquide de la cavité générale (G = 300).

Fig. 9. — Glandes génitales jeunes, montrant les masses bilobées des éléments sexuels prêts à se détacher. (G = 55).

Quelques uns de ces éléments isolés et vus à un grossissement plus fort sont représentés en dessous. (G = 140).

Fig. 10. — Coupe transversale du tube, montrant à l'extérieur le revêtement vaseux noir, et en dedans les lamelles concentriques plus ou moins ondulées qui constituent la substance même de ce tube. (G = 20).

Fig. 11. — Coupe longitudinale d'une extrémité branchiale des filaments droits portant les plus gros yeux. Cette coupe passe à peu près par le plan médian du point oculaire et de l'axe branchial. (G. = 250).
Les cristallins coupés à différents niveaux ont des dimensions différentes. Quelques yeux élémentaires sont figurés entièrement ; d'autres sont coupés dans leur région externe seulement. Entre le périchondre et les extrémités profondes des cellules visuelles, se trouve la trame conjonctive et nerveuse au sein de laquelle viennent se perdre les extrémités effilées des cellules visuelles. (Ce dessin représente très exactement une préparation dépigmentée et montée dans la naphtaline). (G. = 250).

Fig. 12. — Coupe transversale d'un gros point oculaire, montrant chaque œil élémentaire, séparé de ses voisins par des traînées pigmentaires, et le groupement de ces yeux autour de l'axe cartilagineux. En Ép. pg., région occupée par des cellules épithéliales ordinaires, non transformées en éléments visuels. (G. = 140).
(Ce dessin est schématique).

Fig. 13. — Coupe transversale d'une partie d'un œil composé, non dépigmentée et montrant un œil élémentaire avec ses deux noyaux ; l'un placé immédiatement sous le cristallin, l'autre plus profond appartenant à la cellule visuelle proprement dite. Un pigment abondant remplit les intervalles entre les cellules (G = 250).

Fig. 14. — Coupe tangentielle d'un point oculaire, intéressant seulement les cristallins, séparés les uns des autres par des granulations. Le pigment a été enlevé (G = 140).

Fig. 15. — Coupe du même point oculaire, un peu plus profonde que la précédente, montrant quelques-uns des noyaux placés chacun sous un cristallin (G = 140).

Fig. 16. — Schéma de l'organisation de chacun des yeux élémentaires du *Branchiomma*, reconstitué d'après les figures 11 à 15. — n. cr. noyau cristallinien, — n. v. noyau de la cellule visuelle proprement dite.— bt. bâtonnet avec lamelles parallèles, — n. pg, noyaux des cellules pigmentaires placés à différentes hauteurs sur les côtés de l'élément visuel.

Fig. 17. 18. 19. — Coupes à différents niveaux de l'Otocyste. Dans la fig. 17, les cellules épithéliales de la région antérieure de l'otocyste sont entourées par une trame conjonctive et nerveuse. Dans la fig. 18, l'otocyste est représenté dans sa plus grande largeur. Sa cavité est remplie d'otolithes, elle est bordée par des cellules épithéliales dont les noyaux sont figurés en n. La fig. 19 montre la portion postérieure de l'organe auditif, portion où sont venus s'accumuler les otolithes qui occupent en cet endroit toute la lumière de la cavité auditive. En r.p. on retrouve sur les trois figures la membrane péritonéale avec quelques noyaux (G = 140).

Fig. 20. — Coupe transversale des organes segmentaires antérieurs péri-œsophagiens, montrant les sections des tubes enchevêtrés (G = 50).

Fig. 21. — Un de ces tubes segmentaires fortement grossi, et dont la paroi est repliée sur elle-même. La région claire des cellules correspond à la paroi interne et tapisse la lumière du canal de l'organe segmentaire. La membrane péritonéale recouvre la face externe. La portion profonde de ces cellules est opaque, le noyau (n) est entre ces deux régions (G = 140).

Fig. 22, 23, 24. — Squelette cartilagineux branchial, débarrassé de tous les tissus qui l'entourent. Fig. 22, coupe longitudinale de l'axe branchial montrant les rapports des petites barbules avec la baguette cartilagineuse qui les supporte ; n, noyaux entourés par une zone de protoplasma dont les prolongements vont à la périphérie de la cellule (G = 50). Fig. 24, Coupe transversale de cet axe cartilagineux montrant l'insertion de deux barbules latérales (G = 50). Fig. 23, insertion d'une de ces barbules branchiales, avec sa grosse cellule basilaire enclavée au milieu des cellules de l'axe cartilagineux (G = 80).

Fig. 25. — Œufs, avec leur vésicule germinative simple ou double (G = 300).

Fig. 26. — Vésicules germinatives et double tache germinative montrant les différents aspects sous lesquels elles se présentent (G = 500).

Fig. 27. — Coupe transversale d'un bouclier ventral, dessinée d'après deux préparations. La partie droite appartient à une coupe colorée à la safranine et à la fuchsine acide ; elle montre les glandes à mucus colorées et venant s'ouvrir au dehors. La portion gauche appartenant à une coupe colorée au picrocarmin, montre, outre le sillon copragogue avec ses cellules épithéliales et ses cils vibratiles, le tissu réticulé formé par les parois cellulaires. Dans cette portion de la coupe, le mucus n'est pas coloré. Ma. muscles annulaires de la paroi du corps à travers lesquels les éléments des boucliers ont pénétré jusqu'au niveau des muscles longitudinaux, dont une section est figurée en Ml. (G = 50).

Fig. 28. — Coupe longitudinale d'un bouclier ventral coloré par le carmin alunique. A droite, sillon copragogue cilié (G = 50).

Fig. 29. — Coupe longitudinale de la paroi du corps, dans la région dorsale, pour montrer la correspondance de cette région avec celle de la région ventrale portant les boucliers. L'épithélium avec glandes

recouvre les faisceaux des muscles annulaires coupés transversalement et reposant eux-mêmes sur la couche plus profonde des muscles
longitudinaux (G = 140).

Fig. 30. — Fibres musculaires dissociées, montrant leurs crêtes latérales
et leurs plissements (G = 50).

Fig. 31. — Coupe horizontale de la région antérieure du corps, montrant
les rapports des différents organes dans cette région : vestibule buccal,
ampoules labiales, al., insertion des branchies, collerette céphalique,
tube digestif, muscles, organes segmentaires antérieurs, etc. La base
des arcs branchiaux a seule été représentée. (G = 14).

Fig. 32. — Coupe horizontale de la région abdominale du corps, destinée
à montrer le tube digestif avec ses renflements et étranglements
successifs, et la gaine vasculaire qui l'entoure (G = 141).

Fig. 33. — Coupe transversale de la région ventrale du corps, au niveau
d'une commissure nerveuse, montrant, outre cette commissure, les
nerfs qui se détachent des ganglions de la chaîne, les fibres tubulaires
géantes, le ligament mésentérique et le vaisseau ventral (G = 50).

PLANCHE II.

N. B. Les figures 34 à 40 représentent des coupes transversales faites à
différents niveaux depuis la base de la région branchiale, jusque vers
le milieu de l'anneau contenant les organes segmentaires thoraciques.
Ces dessins sont des vues d'ensemble destinées surtout à montrer les
rapports des différents organes entre eux (G = 14).
(La région ventrale est toujours vers le bas de la figure).

Fig. 34. — La collerette céphalique est intéressée dans cette coupe, et
dans sa région antérieure; ses lobes sont encore complétement séparés.
Là structure glandulaire du bouclier ventral est déjà visible. Vers le
haut du dessin, les axes de chaque filament branchial sont distincts
(G = 14).

Fig. 35. — Les filaments branchiaux ne sont plus séparés que dans la
région dorsale. La coupe est faite un peu obliquement. A droite, en
Ca., apparaît déjà la section de la région basale du cartilage branchial.
Les nerfs et vaisseaux ne sont pas encore visibles sur cette coupe.
Au centre du dessin, le vestibule buccal bordé par les faces internes
des palpes et les ampoules labiales latérales (G = 14).

Fig. 36. — Les deux régions basales cartilagineuses branchiales
sont réunies sur la ligne médiane; la lame de périchondre les entoure
complétement. Les deux gros vaisseaux branchiaux représentés en

V.Br., ont été sectionnés près de leur origine au niveau du sinus peri-œsophagien visible déjà autour du tube digestif. Au-dessus de ce tube digestif en v.d., section du vaisseau médian, dorsal, à trajet très court et qui va se distribuer dans les appendices antérieurs et dans le voisinage des ganglions. De chaque côté du tube digestif, les masses ganglionnaires nerveuses sont représentées, coupées au niveau du point de réunion des ganglions cérébroïdes sus-œsophagiens avec les ganglions latéraux (G = 14).

Fig. 37. — Les ganglions latéraux sont coupés dans le sens de leur plus grande longueur et montrent leur région ventrale effilée qui se mettra en communication ave la chaîne nerveuse ventrale. Les ganglions sus-œsophagiens ne sont plus intéressés que dans leur région ventrale, amincie aussi. Le sinus intestinal entoure le tube digestif. Il est plongé lui-même au milieu d'un tissu conjonctif et musculaire. Les lobes dorsaux sont coupés tout à fait à leur base et sont ici en relation avec les parois du corps. La collerette céphalique n'a plus ses lobes libres qu'au côté dorsal (G = 14).

Fig. 38. — Cette coupe correspond au niveau de la région postérieure du premier anneau. Une lacune au milieu du champ musculaire dorsal, correspond à la base d'insertion de la lame cartilagineuse branchiale. La chaîne nerveuse ventrale est représentée par la section de ses deux cordons, encore assez éloignés l'un de l'autre. Les sections des tubes néphridiens du premier anneau sont visibles en Sg. th. de même que les sections obliques de canaux excréteurs Ex. de chaque côté, presque au moment de leur réunion sur la ligne médiane dorsale. En p. papille dorsale au milieu de laquelle s'ouvre ce canal excréteur unique. (G = 14).

Fig. 39. — A ce niveau, la coupe intéresse la région antérieure de l'organe segmentaire. On peut voir sur cette coupe les tubes enchevêtrés de cet organe, situés de chaque côté de la ligne médiane. Les deux cordons nerveux se sont rapprochés. Le petit vaisseau v.d. de la figure 36 est représenté ici par ses deux petites branches qui prennent naissance dans le sinus péri-œsophagien v^1 d^1 v^2 d^2. Les organes segmentaires thoraciques occupent presque la totalité de la cavité générale, assez réduite en cette région. (G. = 14).

Fig. 40. — Région inférieure du premier anneau thoracique. La cavité générale est occupée presque complètement par les organes segmentaires. Au centre, le tube digestif entouré de fibres musculaires, disposées en anneau. (G = 14.)

Fig. 41. — Coupe transversale de la collerette céphalique avec ses épithé-

liums glandulaires, son tissu central conjonctif au milieu duquel
apparaissent les anses des plexus vasculaires. (G = 55).

Fig. 42. — Cœcums vasculaires très fins, après traitement à l'argent, et
montrant les contours des cellules endothéliales. La fig. inférieure (a)
est vue à un grossissement de 500, la fig. supérieure (b) est grossie 730
fois.

Fig. 43. — Contours sinueux des cellules endothéliales de la cavité
générale, prises à différents niveaux du corps. (G = 500).

Fig. 44-45. — Coupes longitudinales de la région latérale du corps, destinées à montrer les pavillons des organes segmentaires abdominaux et
l'épithélium cilié interne de ces organes. La fig. 44 montre l'extrémité libre des pavillons, s'ouvrant en entonnoir dans la cavité générale. Sur la paroi est accolé un vaisseau dont le revêtement chlorago-
gène est figuré en noir. Dans la fig. 45, le canal évacuateur de l'organe
segmentaire est seul intéressé, surtout dans les deux anneaux supérieurs. Les glandes génitales femelles sont figurées en g.g. accolées
contre le diaphragme. Quelques œufs libres dans la cavité générale
sont prêts à être expulsés. (G = 20).

Fig. 46. Coupe horizontale des ganglions sus-œsophagiens, séparés sur
la ligne médiane et réunis à droite et à gauche aux ganglions œsophagiens latéraux. Les ganglions sus-œsophagiens sont sectionnés à peu
près suivant leur plan médian. Dans les lobes qui s'étendent à droite
et à gauche, les cellules nerveuses seules sont visibles, les ganglions
latéraux sur cette coupe, de même que dans la coupe suivante, étant
coupés tangentiellement. (G = 35).

Fig. 47. — Coupe du cerveau au niveau de la commissure sus-œsophagienne. (G = 35).

Fig. 48. — Coupe transversale de la chaîne nerveuse abdominale, montrant les relations des différents éléments qui la constituent: fibres
géantes, fibrilles nerveuses centrales et cellules nerveuses. (G = 65).

TABLE DES MATIÈRES

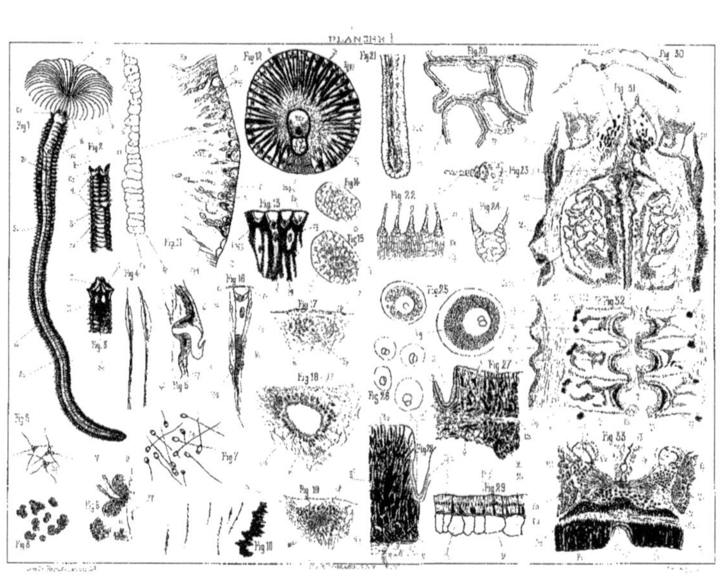

PLANCHE I

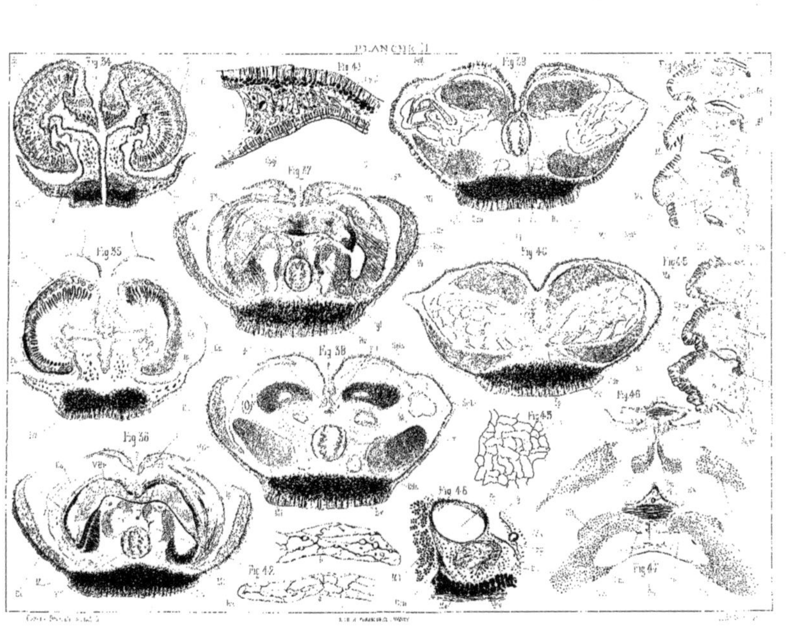

Fig 34
Fig 43
Fig 39
Fig 35
Fig 37
Fig 44
Fig 38
Fig 45
Fig 46
Fig 36
Ver
Fig 42
Fig 46
Fig 47

22

www.ingramcontent.com/pod-product-compliance
Ingram Content Group UK Ltd.
Pitfield, Milton Keynes, MK11 3LW, UK
UKHW022108070726
13613UKWH00002B/984

9 782019 971137